"十二五"职业教育国家规划教材

图形图像处理

（Illustrator CC）

王晓姝　主编

张　玲　王春林　陈　莉　参编

电子工业出版社

Publishing House of Electronics Industry

北京·BEIJING

内 容 简 介

本书根据教育部颁发的《中等职业学校专业教学标准（试行）信息技术类（第一辑）》中的相关教学内容和要求编写。本书以岗位工作过程来确定学习任务和目标，综合提升学生的专业能力、过程能力和职位差异能力，以具体的工作任务引领教学内容。系统地介绍了 Illustrator 软件的基本操作技能、绘图填色、钢笔与路径、图形的运算、渐变网格与混合、图层与蒙版、画笔与符号、文本工具与封套扭曲、效果菜单和透视网格工具、综合技法应用实例等内容。

本书是计算机平面设计专业的专业核心课程教材，也可作为各类 Illustrator 培训班的教材，还可以供平面设计、制作人员参考学习。

图书在版编目（CIP）数据

图形图像处理. Illustrator CC / 王晓姝主编. —北京：电子工业出版社，2016.12

ISBN 978-7-121-24956-3

Ⅰ. ①图… Ⅱ. ①王… Ⅲ. ①图形软件 Ⅳ.①TP391.41

中国版本图书馆 CIP 数据核字（2014）第 275681 号

策划编辑：杨　波
责任编辑：郝黎明
印　　刷：北京七彩京通数码快印有限公司
装　　订：北京七彩京通数码快印有限公司
出版发行：电子工业出版社
　　　　　北京市海淀区万寿路 173 信箱　邮编　100036
开　　本：787×1 092　1/16　印张：16　字数：409.6 千字
版　　次：2016 年 12 月第 1 版
印　　次：2024 年 12 月第 12 次印刷
定　　价：36.00 元

凡所购买电子工业出版社图书有缺损问题，请向购买书店调换。若书店售缺，请与本社发行部联系，联系及邮购电话：（010）88254888，88258888。

质量投诉请发邮件至 zlts@phei.com.cn，盗版侵权举报请发邮件至 dbqq@phei.com.cn。

本书咨询联系方式：（010）88254617，luomn@phei.com.cn。

编审委员会名单

主 任 委 员:

武马群

副主任委员:

王 健　韩立凡　何文生

委　　　员:

丁文慧	丁爱萍	于志博	马广月	马永芳	马玥桓	王 帅	王 苒	王晓姝
王家青	王 彬	王皓轩	王新萍	方 伟	方松林	孔祥华	龙天才	龙凯明
卢华东	由相宁	史宪美	史晓云	冯理明	冯雪燕	毕建伟	朱文娟	朱海波
向 华	刘小华	刘天真	刘 凌	刘 猛	关 莹	江永春	许昭霞	孙宏仪
苏日太夫	杜宏志	杜秋磊	杜 珺	李 飞	李华平	李宇鹏	李 娜	杨 杰
杨 怡	杨春红	吴 伦	何 琳	佘运祥	邹贵财	沈大林	宋 微	张士忠
张文库	张 平	张东义	张兴华	张呈江	张 侨	张建文	张 玲	张凌杰
张媛媛	陆 沁	陈丁君	陈天翔	陈观诚	陈佳玉	陈泓吉	陈学平	陈 玲
陈道斌	陈 颜	范铭慧	罗 丹	周海峰	周 鹤	庞 震	赵艳莉	赵晨阳
赵增敏	郝俊华	胡 尹	钟 勤	段 欣	段 标	姜全生	钱 峰	徐 宁
徐 兵	高 强	高 静	郭立红	郭 荔	郭朝勇	黄汉军	黄 彦	黄洪杰
崔长华	崔建成	梁 姗	彭仲昆	葛艳玲	董新春	韩雪涛	韩新洲	曾平驿
曾祥民	温 晞	谢世森	赖福生	谭建伟	戴建耘	魏茂林		

序 | PROLOGUE

当今是一个信息技术主宰的时代，以计算机应用为核心的信息技术已经渗透到人类活动的各个领域，彻底改变着人类传统的生产、工作、学习、交往、生活和思维方式。和语言和数学等能力一样，信息技术应用能力也已成为人们必须掌握的、最为重要的基本能力。可以说，信息技术应用能力和计算机相关专业，始终是职业教育培养多样化人才，传承技术技能，促进就业创业的重要载体和主要内容。

信息技术的发展，特别是数字媒体、互联网、移动通信等技术的普及应用，使信息技术的应用形态和领域都发生了重大的变化。第一，计算机技术的使用扩展至前所未有的程度，桌面电脑和移动终端（智能手机、平板电脑等）的普及，网络和移动通信技术的发展，使信息的获取、呈现与处理无处不在，人类社会生产、生活的诸多领域已无法脱离信息技术的支持而独立进行。第二，信息媒体处理的数字化衍生出新的信息技术应用领域，如数字影像、计算机平面设计、计算机动漫游戏和虚拟现实等。第三，信息技术与其他业务的应用有机地结合，如商业、金融、交通、物流、加工制造、工业设计、广告传媒和影视娱乐等，使之各自形成了独有的生态体系，综合信息处理、数据分析、智能控制、媒体创意和网络传播等日益成为当前信息技术的主要应用领域，并诞生了云计算、物联网、大数据和3D打印等指引未来信息技术应用的发展方向。

信息技术的不断推陈出新及应用领域的综合化和普及化，直接影响着技术、技能型人才的信息技术能力的培养定位，并引领着职业教育领域信息技术或计算机相关专业与课程改革、配套教材的建设，使之不断推陈出新、与时俱进。

2009年，教育部颁布了《中等职业学校计算机应用基础大纲》。2014年，教育部在2010年新修订的专业目录基础上，相继颁布了"计算机应用、数字媒体技术应用、计算机平面设计、计算机动漫与游戏制作、计算机网络技术、网站建设与管理、软件与信息服务、客户信息服务、计算机速录"等9个信息技术类相关专业的教学标准，确定了教学实施及核心课程内容的指导意见。本套教材就是以以上大纲和标准为依据，结合当前最新的信息技术发展趋势和企业应用案例组织开发和编写的。

本书的主要特色

● **对计算机专业类相关课程的教学内容进行重新整合**

本套教材面向学生的基础应用能力，设定了系统操作、文档编辑、网络使用、数据分析、媒体处理、信息交互、外设与移动设备应用、系统维护维修、综合业务运用等内容；针对专业应用能力，根据专业和职业能力方向的不同，结合企业的具体应用业务规划了教材内容。

● **以岗位工作过程来确定学习任务和目标，综合提升学生的专业能力、过程能力和职位差异能力**

本套教材通过以工作过程为导向的教学模式和模块化的知识能力整合结构，力求实现产业需求与专业设置、职业标准与课程内容、生产过程与教学过程、职业资格证书与学历证书、终身学习与职业教育的"五对接"。从学习目标到内容的设计上，本套教材不再仅仅是专业理论内容的复制，而是经由职业岗位实践——工作过程与岗位能力分析——技能知识学习应用内化的学习实训导引和案例。借助知识的重组与技能的强化，达到企业岗位情境和教学内容要求相贯通的课程融合目标。

● **以项目教学和任务案例实训为主线**

本套教材通过项目教学，构建了工作业务的完整流程和岗位能力需求体系。项目的确定应遵循三个基本目标：核心能力的熟练程度，技术更新与延伸的再学习能力，不同业务情境应用的适应性。教材借助以校企合作为基础的实训任务，以应用能力为核心、以案例为线索，通过设立情境、任务解析、引导示范、基础练习、难点解析与知识延伸、能力提升训练和总结评价等环节，引领学习者在完成任务的过程中积累技能、学习知识，并迁移到不同业务情境的任务解决过程中，使学习者在未来可以从容面对不同应用场景的工作岗位。

当前，全国职业教育领域都在深入贯彻全国职教工作会议精神，学习领会中央领导对职业教育的重要批示，全力加快推进现代职业教育。国务院出台的《加快发展现代职业教育的决定》明确提出要"形成适应发展需求、产教深度融合、中职高职衔接、职业教育与普通教育相互沟通，体现终身教育理念，具有中国特色、世界水平的现代职业教育体系"。现代职业教育体系的建立将带来人才培养模式、教育教学方式和办学体制机制的巨大变革，这无疑给职业院校信息技术应用人才培养提出了新的目标。计算机类相关专业的教学必须要适应改革，始终把握技术发展和技术技能人才培养的最新动向，坚持产教融合、校企合作、工学结合、知行合一，为培养出更多适应产业升级转型和经济发展的高素质职业人才做出更大贡献！

前言 | PREFACE

　　本书以党的二十大精神为统领，全面贯彻党的教育方针，落实立德树人根本任务，践行社会主义核心价值观，铸魂育人，坚定理想信念，坚定"四个自信"，为中国式现代化全面推进中华民族伟大复兴而培育技能型人才。

　　为建立健全教育质量保障体系，提高职业教育质量，教育部于 2014 年颁布了《中等职业学校专业教学标准》（以下简称）《专业教学标准》）。《专业教学标准》是指导和管理中等职业学校教学工作的主要依据，是保证教育教学质量和人才培养规格的纲领性教学文件。在"教育部办公厅关于公布首批《中等职业学校专业教学标准（试行）》目录的通知"（教职成厅[2014]11 号文）中，强调"专业教学标准是开展专业教学的基本文件，是明确培养目标和规格、组织实施教学、规范教学管理、加强专业建设、开发教材和学习资源的基本依据，是评估教育教学质量的主要标尺，同时也是社会用人单位选用中等职业学校毕业生的重要参考。"

本书特色

　　Adobe Illustrator 是一种应用于出版、多媒体和在线图像的工业标准矢量插画的软件，广泛应用于印刷出版、海报书籍排版、数字绘画、UI 设计、动漫游戏等多媒体图像处理和互联网页面的制作领域。

　　本书根据教育部颁发的《中等职业学校专业教学标准（试行）信息技术类（第一辑）》中的相关教学内容和要求编写而成。

　　本书以岗位工作过程来确定学习任务和目标，综合提升学生的专业能力、过程能力和职位差异能力，以具体的工作任务引领教学内容，系统地介绍了 Illustrator 软件的基本操作技能、绘图填色、钢笔与路径、图形的运算、渐变网格与混合、图层与蒙版、画笔与符号、文本工具与封套扭曲、效果菜单和透视网格工具、综合技法应用实例等内容。

　　经过深入行业、企业，进行人才需求与专业课程改革调研，本书围绕案例教学法、技能打包教学法等教学方法展开。本书内容均以案例为主线，通过对各案例的实际操作，学生可以快速上手，掌握软件功能和操作方法。书中的软件功能解析部分使学生能够深入学习软件功能。书中的实例选自工作和生活中的实际需要，由浅入深地进行了详细的讲解，内容丰富，体系完整，可以拓展学生的实际应用能力，提高学生的软件使用技巧，顺利达到实战水平。

本书是计算机平面设计专业的核心课程教材，也可作为各类 Illustrator 培训班的教材，还可以供平面设计、制作人员参考学习。

课时分配

本书各章节的教学内容和课时分配建议如下。

章 节	课 程 内 容	知 识 讲 解	操 作 实 践	合 计
1	Adobe Illustrator CC 基本操作技能	2	2	4
2	绘图及填色功能	2	2	4
3	钢笔工具与路径绘制	2	2	4
4	图形的运算	2	2	4
5	渐变网格与混合工具应用	4	4	8
6	图层面板与蒙版应用	4	4	8
7	画笔与符号应用	8	8	16
8	文本工具与封套扭曲命令应用	8	8	16
9	"效果"菜单和透视网格工具应用	8	8	16
10	综合技法应用实例	8	8	16
总计		48	48	96

注：本课程按照 96 课时设计，授课与上机按照 1：1 的比例，课后练习可另外安排课时。课时分配仅供参考，教学中请根据各自学校的具体情况进行调整。

本书作者

本书由王晓姝主编，张玲、王春林、陈莉等参编。在编著的过程中，本书编者获得南京市职业教育教学研究室张玲的大力支持，并且针对本书的编写，其提出了实质有效的指导性建议。正是在她的指导和支持下，本书编者才能完成大部分的理论以及案例编写工作，在此对张玲表示由衷的感谢和敬意。

教学资源

为了提高学习效率和教学效果，方便教师教学，本书还配有电子教学参考资料包，包括电子教案、教学指南、素材文件、微课等，请有此需要的教师登录华信教育资源网注册后免费下载。有问题时请在网站留言板留言或与电子工业出版社联系。

由于编者水平有限，加之时间仓促书中难免有错误和不妥之处，恳请广大师生和读者批评指正。

编者

CONTENTS | 目录

第1章

Adobe Illustrator CC
基本操作技能

Adobe Illustrator广泛应用于印刷出版、专业插画、多媒体图像处理和互联网页面等的制作，也可以为线稿提供较高的精度和控制，适用于生产任何小型到大型复杂项目等的设计。2013 年发布的Adobe Illustrator CC 是其升级版本，添加了许多新功能，如可以和触屏功能更好的结合，增加了笔触，针对 Web 进行了改进，可以进行云端同步分享作品等。

本章讲述了其基本操作技能，包括两方面的基本内容：界面知识讲解，主要了解 Illustrator CC 操作界面及基本操作运用，包括文件的新建、打开、置入、保存，以及界面的总体布局，工具箱、设置栏和各种浮动面板等；基本操作讲解，通过案例的分解学习，掌握图形对象的选择、移动、复制及旋转、镜像、变形及对齐分布等操作。

1.1 工作界面

1. 打开 Illustrator CC

（1）双击 Illustrator CC 快捷方式图标，如图 1-1 所示，或者执行"开始/所有程序/Adobe Illustrator CC"命令，如图 1-2 所示。

图 1-1　Illustrator CC 快捷方式图标　　　　图 1-2　"Adobe Illustrator CC"命令

（2）单击软件按钮，也可启动软件，如图 1-3 所示。

2. 新建文件

（1）启动软件后，进入软件界面。在界面的最上面是菜单栏，如图 1-4 所示。

（2）执行"文件/新建"命令（快捷键为 Ctrl+N），如图 1-5 所示。

图 1-3　开启软件

图 1-4　菜单栏

（3）在弹出的"新建文档"对话框中设定参数，如设定文件大小为 A4 时，可在"大小"下拉列表中选择"A4"，在"名称"文本框中输入文件名，给文件命名，如图 1-6 所示。"单位"规定了绘制的单位的显示方式，如设定"毫米"，则标尺显示及图形尺

图 1-5　"文件/新建"命令

寸等都以"毫米"为单位。"取向"规定了页面是呈横向还是竖向显示。"出血"值为印刷所需，通常设定为上下左右各 3mm。单击"高级"前面的三角按钮，则显示"颜色模式"、"栅格效果"及"预览模式"，"颜色模式"可设定为印刷所需的"CMYK"模式及网络所需的"RGB"模式。"栅格效果"通常指文件栅格化后的分辨率，通常默认为 300dpi。"预览模式"一般选择"默认值"。

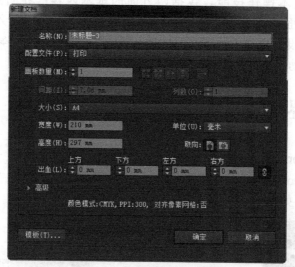

图 1-6　"新建文档"对话框

（4）单击"确定"按钮，界面中出现白色的绘图区域，所做设计都将在此区域中完成。整个工作界面的基本内容及名称如图 1-7 所示。

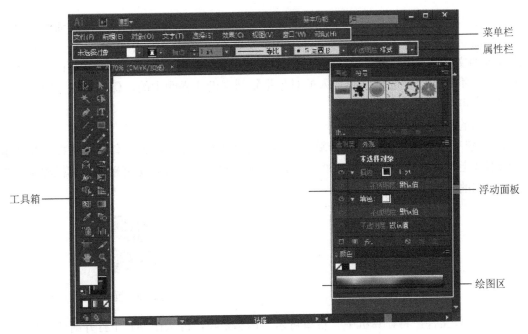

图1-7 工作界面

提示

若设置好文件大小后想手动修改绘图区的范围，则可选择"画板工具"，选择该工具后绘图区会自动出现定界框，拖动定界框可设定文件的大小。

（5）若工具箱及浮动面板没有出现，则可以在"窗口"菜单的下拉菜单中选择打开，如图1-8所示。

图1-8 "窗口"菜单

3. 打开、置入文件

（1）打开文件：执行"文件/打开"命令，在弹出的"打开"对话框中选择需要打开的文件。

（2）置入文件：执行"文件/置入"命令，在弹出的"置入"对话框中选择需要的置入文件。这里需要注意"置入"对话框下方的几个复选框，如图 1-9 所示。勾选"链接"复选框，置入的文件对象是链接在计算机源文件中的，下次打开时如果该文件不存在，则图像无法显示。若不勾选此复选框，则置入的对象是复制到设计界面中的，保存后在无原置入文件情况下依然可以打开。

如下面的例子所示。

① 新建一个文件，置入一个计算机中存在的"百事可乐"标志，勾选"链接"复选框，置入的图片上方将出现一个叉号，如图 1-10 所示。这说明该文件是链接在计算机源文件中的而不是复制的。

图 1-9　复选框　　　　　　　　　　　　　　　　　图 1-10　置入图形

② 保存好文件，将计算机中"百事可乐"标志删除，再次在 AI 中打开新建的文件，则会弹出如图 1-11 所示的警告框，说明源文件已经不存在，需要用其他文件替换。若忽略此警告，则打开的图会是空的。

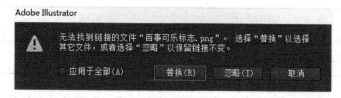

图 1-11　警告框

提示

（1）Illustrator CC 新增了可以同时置入多个文件的功能。

（2）Illustrator 自带大量专业模板，CC 中更是增添了一些新模板，如 CD 盒、卡片邀请菜单、横幅广告、网站和 DVD 菜单等，大量节省了制作时间。执行"文件/从模板新建"命令，可在弹出的对话框中选择需要的模板。

4．保存文件

第一次保存文件时执行"文件/存储"命令，在弹出的对话框中设置保存的地址、文件名及保存类型。后面再进行操作时需要及时保存，可按 Ctrl+S 快捷键。若要将文件以另一个名称、另一种格式或保存在另一个地址中，则需要执行"文件/存储为"命令，重新设置保存的地址、文件名及保存类型，如图 1-12 所示。

5．工具箱的使用

工具箱中包含了制作图形和编辑图形的所有工具，也包含了页面显示的工具。鼠标指针在某一工具上停留，会显示该工具的名称和快捷键，如图 1-13 所示。单击某一个工具，即可选中该工具，进行图形的绘制和编辑。

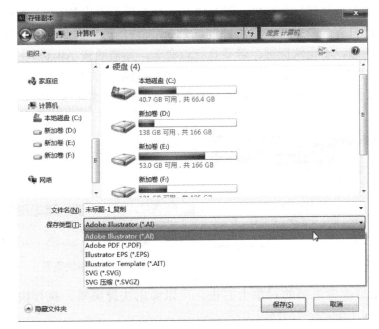

图1-12 "存储副本"对话框

图1-13 显示工具名称和快捷键

（1）打开工具箱：通常情况下，启动 Illustrator 时工具箱会自动打开。但有时也会出现被隐藏的现象，此时执行"窗口/工具"命令，工具箱即可打开。同样，再次执行"窗口/工具"命令，工具箱即被隐藏，如图 1-14 所示。

（2）打开工具组：有的工具是独立的，有的工具则是一个工具组，如钢笔工具![图标]下方有一个三角形符号，说明它是一个工具组，单击鼠标左键不放，会出现隐藏在钢笔工具下的工具组，如图 1-15 所示。此时的工具组显现是临时的。若此时单击工具组后面的三角形符号，工具组会单独成为可移动的浮动面板，这时的工具组可一直显示，如图 1-16 所示。

图1-14 打开工具箱

图1-15 显示隐藏的工具组

图1-16 工具组

 提示

按住 Alt 键的同时单击一个有隐藏工具组的工具，则可以循环切换被隐藏的工具。

（3）更改屏幕模式：单击"更改屏幕模式"按钮![图标]，则有"正常屏幕模式"、"带有菜单栏的全屏模式"及"全屏模式"3 种屏幕模式可以选择，选择其中一种模式即可完成更改。

6. 菜单命令

（1）打开菜单：单击菜单名称可打开菜单，菜单后面带黑色三角形符号说明其有子菜单，如图 1-17 所示。另外，可通过快捷键打开菜单，图 1-18 所示命令后面的英文字母是快捷键。有的命令后面没有快捷键而只有一个字母，则可通过该命令字母打开菜单。例如，"排列"后面的字母（A）是命令字母，不是快捷键。若要执行该命令，则需要按 Alt 键+主菜单字母键（W）打开"窗口"主菜单，再按 A 键打开"排列"子菜单，再按 W 键打开"在窗口中浮动"子菜单。以此类推，若想打开子菜单，则需按 Alt 键+主菜单字母键，然后按子菜单字母键。

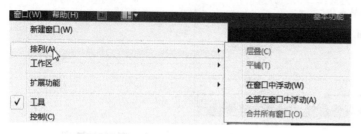

图 1-17　打开菜单

图 1-18　菜单快捷键

（2）打开快捷菜单：在窗口或者选择的对象上右击，可以弹出快捷菜单，执行快速命令。

7．面板的使用

面板通过设定其中的参数来配合软件编辑图形，Illustrator 面板可以在"窗口"菜单中打开。默认情况下，进入 Illustrator 界面时，面板会放置在绘图区窗口右侧。

（1）折叠面板：如图 1-19 所示，单击面板左上方的"折叠为图标"按钮，面板即被折叠成图标状。

（2）移动面板：面板组中的面板可移动出来。同样，单独的面板可以移动成面板组，如图 1-20 所示，拖动"色板"面板到"图层"面板后面，当面板边框成蓝色显示时松开鼠标左键，"色板"面板即被拖入，与"图层"面板组合成为面板组。

（3）链接面板：面板或面板组可单独移动，也可几个面板组一起移动，当拖动一个面板组到另一个面板组下方时，面板下方出现蓝色显示，如图 1-21 所示，松开鼠标左键，两个面板组即完成链接。此时，拖动一个面板组，另一个也会一起移动。同样，将一个面板组拖至另一个面板组的上方或右方，出现蓝色线条显示时，松开鼠标左键，也能链接两个面板组，如图 1-22 所示。

图 1-19　折叠面板

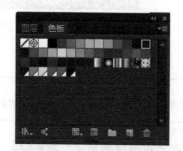

图 1-20　移动面板为面板组

图 1-21　垂直链接面板组

（4）打开面板菜单：单击面板右上方的按钮 ，打开面板菜单，如图 1-23 所示。

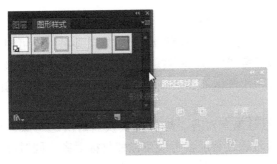

图1-22 水平链接面板组

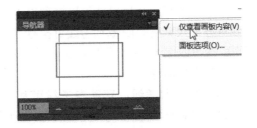

图1-23 面板菜单

8. 属性栏的使用

"属性栏"又称控制面板，"属性栏"可快速访问与所选对象有关的选项，它会随着所选对象或工具的不同而显示不同的选项。例如，置入一个图片，使用选择工具，单击置入的图片，属性栏会出现文件的信息及"选择工具"选项，如图 1-24 所示。单击橙色文字部分，会弹出相关面板或对话框。

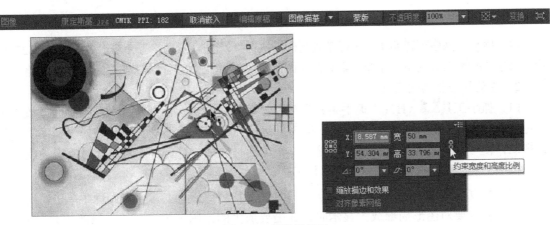

图1-24 属性栏显示

例如，单击如图 1-24 所示的左上角的橙色文字"变换"，则弹出变换对话框。在对话框中输入相应数值，可修改选中图形的大小。单击"约束比例"按钮，按钮变为，表示宽高的比例被约束，输入宽的尺寸，高会自动换算，与原图形等比例缩放。

提示

　　按 Shift+Tab 组合键，可以隐藏面板；按 Tab 键，可以隐藏工具箱、控制面板和其他面板；再次按相应的键可以重新显示被隐藏的内容。

9. 辅助工具使用

1）标尺参考线与网格

（1）标尺：执行"视图/标尺/显示标尺"命令，可显示标尺，如图 1-25 所示。标尺上的刻度单位是在新建文件时设定的，如果新建文件时以 mm 为单位，则标尺上显示的数字的单位是 mm，如刻度显示"10"则表示"10mm"。若要修改单位，则需执行"编辑/首选项/单位"命令，在"单位"对话框的"常规"选项卡中选择单位。

（2）参考线：从标尺处可以拖动出垂直和水平参考线。按住 Shift 键拖动参考线，可使参考线对齐标尺刻度。隐藏参考线可执行"视图/参考线/隐藏参考线"命令。锁定参考线可执行"视图/参考线/锁定参考线"命令。或者，在文档绘图区右击，在弹出的快捷菜单中执行隐藏和锁定参考线命令。

（3）智能参考线：智能参考线可基于其他对象来对齐、编辑和变换当前所选对象。例如，执行"视图/智能参考线"命令，移动图形时通过智能参考线可以使目标对齐，同时移动的位置坐标将被标注出来，如图 1-26 所示。

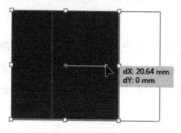

图 1-25　显示标尺

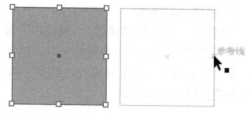

图 1-26　创建智能参考线

（4）网格：网格可辅助图形进行精确制作。执行"视图/显示网格"命令，效果如图 1-27 所示。执行"视图/对齐网格"命令，则会在对图像进行移动、缩放等变换操作时自动对齐网格。

2）移动和缩放画面工具

（1）抓手工具 ：："抓手工具"可以移动画面的显示范围，特别是当画面被放大到一定倍数时需要找到相关对象的位置，就需要运用抓手工具来移动画面。选择"抓手工具"并拖动，便可移动画面。当按下空格键时，无论当时选择的是何种工具，此时都会被临时切换成抓手工具，松开按键则恢复为原选择工具。

（2）缩放工具 ：选择"缩放工具"，此时光标显示为 ![]，在画面中单击，可以放大画面。当需要对图形局部放大显示时，在需要放大的范围内框选，显示局部放大。按 Alt 键，光标变成 ![]，可对画面进行缩小显示。另外，也可通过快捷键"Ctrl++"放大画面，"Ctrl+−"缩小画面。

（3）导航器面板：执行"窗口/导航器"命令，打开"导航器"面板。在"导航器"面板中可以通过鼠标移动红色边框内的缩略图来显示画面范围，起到"抓手工具"的作用。下方的百分值表示画面显示的大小，通过输入数值，或拖动右侧滑块，可放大或缩小画面，起到和"缩放工具"相同的作用，如图 1-28 所示。

图 1-27　显示网格

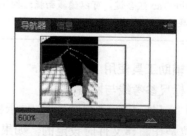

图 1-28　"导航器"面板

提示

按 Tab 键可隐藏工具箱、属性栏和其他面板，再次按此键可显示被隐藏内容。按 Shift+Tab 键，可只隐藏面板。

案例 1　图片的排列——新建、置入、保存文件及辅助工具使用

制作分析

Illustrator CC 在进行图片的排版时会将不同大小的图片按照一定的规律对齐排版，本例运用"标尺"和"参考线"工具，结合属性栏中的"变换大小"按钮，将图片按照规律对齐排版，如图 1-29 所示。

图 1-29　图片排列

操作步骤

（1）新建文档，名称为"宠物图片"，画板数量设置为 1，大小为 A4，将取向设为横版，如图 1-30 所示。

（2）执行"视图/标尺/显示标尺"命令，显示标尺，如图 1-31 所示。

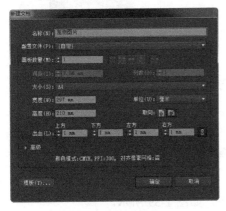

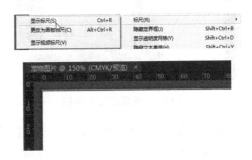

图 1-30　新建文件　　　　　　　　　　　　图 1-31　显示标尺

（3）从标尺处拖动出两条竖的参考线，分别放置在刻度 40mm 和刻度 80mm 处。再拖动出一条横的参考线到如图 1-32 所示位置。

（4）执行"文件/置入"命令，在"置入"对话框中选择置入的图片，取消勾选"链接"复选框，如图 1-33（a）所示。

（5）在左边辅助线相交的地方单击，拖动至右边辅助线处，第一张图片置入完成，如图 1-33（b）所示。

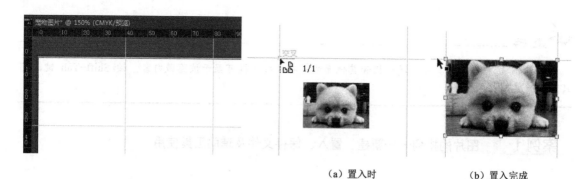

图 1-32　拖动出参考线

（a）置入时　　　　　　　（b）置入完成

图 1-33　置入图片

（6）打开"导航器"面板，将画面放大为 200%，如图 1-34 所示。此时，标尺上的刻度发生变化，刻度更加精确，如拖动参考线到 85mm，如图 1-35 所示。

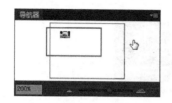

图 1-34　放大画面

图 1-35　拖动参考线到 85mm 处

（7）从横向标尺和纵向标尺相交的左上角拖动至图片的左下角，此时 0 坐标将定位在图片左下角，如图 1-36 所示。

（8）拖动一条水平参考线，刻度在纵向标尺的 5 处，如图 1-37 所示。

（9）在 5 刻度的参考线处置入另一张图片，如图 1-38 所示。

图 1-36　重新定位 0 坐标　　　图 1-37　拖动出参考线　　　图 1-38　置入另一张图片

（10）在右边参考线处再置入一张竖版的图片，使用"选择工具"选中该图，按住 Shift 键，拖动定界框向里收缩，使图片下方与参考线对齐，如图 1-39 所示。

（11）将 0 坐标点拖动至最右侧小狗图片的右侧，再拖动出一条刻度为 5 的纵向参考线，如图 1-40 所示。

（12）从配套素材中直接将第 4 张小狗的图片拖入画面，并按住 Shift 键将其缩小，如图 1-41 所示，此时的图片是"链接"的形式。

（13）单击属性栏中的"嵌入"按钮，将图片的链接断开。

（14）选择"画板工具" ，在属性栏中将文档画面的宽改为 200mm，高为 100mm，如图 1-42 所示。

 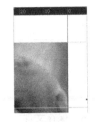 

图 1-39　置入图片并对齐　　　　图 1-40　拖动出纵向参考线　　　　图 1-41　置入新图片

（15）右击，不勾选"锁定参考线"，将参考线解锁，如图 1-43 所示。

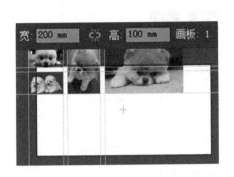 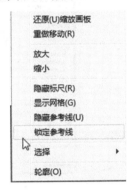

图 1-42　修改画面尺寸　　　　　　　　　图 1-43　解锁参考线

（16）选择"选择工具" 框选所有的图片（包括参考线），将它们移动至修改过尺寸的画面中间，如图 1-44 所示。

（17）在空白处单击，取消选择。再次右击，在弹出的快捷菜单中执行"隐藏参考线"命令，如图 1-45 所示。

图 1-44　移动图片　　　　　　　　　　图 1-45　隐藏参考线

（18）隐藏参考线，得到最终排版效果。

（19）执行"文件/保存"命令，在"保存"对话框中设置文件名和保存类型[Adobe Illustrator(*.AI)]，如图 1-46 所示。

（20）再次执行"文件/导出"命令，在"导出"对话框中选择保存类型为 JPEG，勾选"使用画板"复选框，如图 1-47 所示。

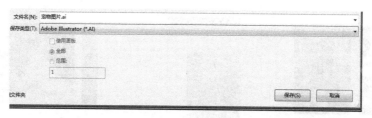

图 1-46　保存文件

图 1-47　导出文件

提示

通常，新建文件时，默认的单位是 mm。若想改动单位，则需执行"编辑/首选项/单位"命令，在弹出的"首选项"对话框中设定常规单位，如图 1-48 所示。

图 1-48　"首选项"对话框

思考与练习

（1）新建一个文件，名称为"名片"，宽度为"93mm"，高度为"57mm"，单位为"毫米"，出血上下左右各"3mm"，色彩模式为"CMYK"，栅格效果为"300dpi"。

（2）置入一张图片，使图像不连接源文件，并设置宽度为 70mm，约束比例。

（3）打开"外观"面板和"动作"面板，并将两个面板做上下链接。

（4）打开标尺，拖动出一横一纵两条参考线。其中，横向参考线对齐 40mm 刻度，垂直参考线对齐 80mm 刻度。

（5）练习显示和隐藏参考线。

（6）练习缩放画面的 3 种方法。

自我评价表

内容及技能要点	是否掌握		熟练程度		
	是	否	熟练	一般	不熟
新建文件：按照规定尺寸新建文件及快捷键运用					
打开文件：打开指定文件及快捷键运用					
置入文件：置入指定文件					
保存文件、导出文件：按照指定文件类型保存、导出文件及快捷键运用					
打开工具箱及工具箱组					
打开菜单栏及快捷指令运用					
面板使用：折叠面板、移动面板、链接面板、打开面板菜单					
属性栏使用：等比例修改图像大小					
辅助工具使用：按标尺刻度建立参考线					
辅助工具使用：锁定参考线、隐藏参考线					
辅助工具使用：修改 0 坐标、显示网格					
移动和缩放画面工具：抓手工具、缩放工具、导航器面板使用					
修改画面大小					
案例 1 制作					
思考与练习					
自我总结在本节学习中遇到的知识、技能难点及是否解决					

1.2　基本操作

1. 选择对象

（1）选择工具 ![icon]（V）：选择"选择工具"，鼠标指针放在要选择的对象上单击，即可选中对象，此时被选中的对象周围会出现定界框，如图 1-49 所示。拖动定界框的一角，可以使图形变形，按住 Shift 键拖动，可等比例缩放图形，如图 1-50 所示。按住 Shift 键单击，可以添加多个选中对象。也可以拖动鼠标框选多个对象，如图 1-51 所示。

图 1-49　选中对象

图 1-50　等比例缩放对象

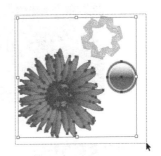

图 1-51　框选多个对象

提示

当选择其他任意工具时，可以按下 Ctrl 键临时切换为"选择工具"，松开 Ctrl 键即可切换回原工具。

图 1-52　"直接选择工具"框选图形

（2）直接选择工具 （A）及套索工具 （Q）：选择工具 选择的是整个图形，直接选择工具 及套索工具 选择的是图形上的锚点和路径段，如图 1-52 所示。锚点为实心说明已被选中，锚点为白色空心说明未被选中。

（3）编组选择工具 ：一个较复杂的图形往往是多个图形编组得到的，选择"编组选择"工具在图形的局部图形上单击，则选中编组中的一个图形，如图 1-53 所示。双击，可选中所有编组的图形，此时图形虽然同时被选中，但没有定界框，如图 1-54 所示。

图 1-53　"编组选择工具"单击图形

图 1-54　"编组选择工具"双击图形

（4）魔棒工具 （Y）：选择"魔棒工具"在一个对象上单击，则与该图形对象的颜色、描边、透明度及混合模式相似的图形都会被选中。双击"魔棒工具"，打开"魔棒"面板，如图 1-55 所示。"容差值"越大，所选范围就越大。

（5）使用菜单命令选择对象：打开"选择"菜单，"选择"菜单中包含用于选择对象的命令，如图 1-56 所示。可根据菜单命令选取对象。

图 1-55　"魔棒"面板

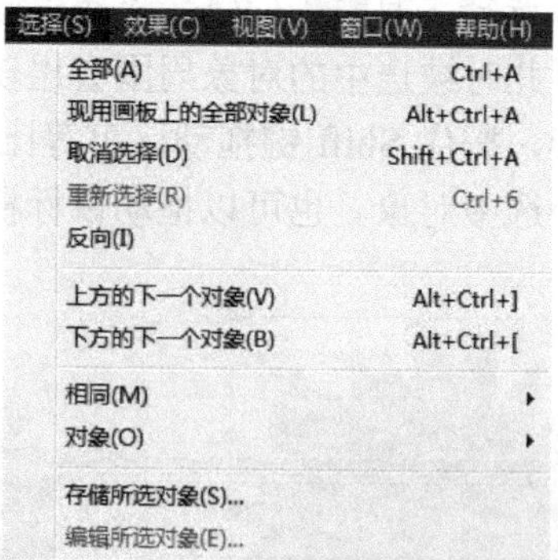

图 1-56　"选择"菜单

2. 移动复制与粘贴

1）移动复制

使用"选择工具" 选择对象，按住鼠标拖动可移动对象。若要精确移动，则需双击

"选择工具"，在弹出的"移动"对话框中精确地输入移动尺寸，如图 1-57 所示。当按住 Alt 键，鼠标指针经过所选对象时，指针变成 ，按住鼠标拖动对象，则可复制对象，如图 1-58 所示。

图 1-57　"移动"对话框

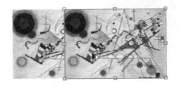

图 1-58　移动复制

图 1-59　"复制""粘贴"

✔提示 _____

　　移动时按住 Shift 键可水平、垂直或 45° 移动。同样，当按下 Alt 键进行移动复制时，按住 Shift 键可水平、垂直或 45° 移动复制。但此时不能同时按下 Alt 键和 Shift 键，需要先按下 Alt 键进行复制，在鼠标拖动的过程中再按下 Shift 键，否则对象不动。

_____

　　2）粘贴

　　（1）非原位粘贴：选中对象，执行"编辑/复制"命令，将对象复制到粘贴板中，再执行"编辑/粘贴"命令，粘贴对象。此时，复制的对象位置发生移动，如图 1-59 所示。执行"编辑/剪切"命令，则原图片被剪切掉，再执行"编辑/粘贴"命令，则对象在新位置粘贴出来。

　　（2）原位粘贴：执行"编辑/复制"命令，再执行"编辑/贴在前面"命令，对象便复制粘贴在原对象前面，与原对象重合。同样，执行"编辑/贴在后面"命令后，将原位粘贴在原对象后面。

　　3. 变换与变形

　　1）定界框

　　选中图形时会在图形周围出现定界框，拖动定界框的一角可将图形变形。同时，当将鼠标指针放置在定界框一角外侧时，光标显示为↰，此时可拖动此光标旋转图形，如图 1-60 所示。执行"视图/隐藏定界框"命令，将定界框隐藏起来，再次执行"视图/隐藏定界框"命令可显示定界框。

　　2）旋转工具 ⟳、镜像工具 ◪

　　旋转工具与镜像工具在一个工具组中。单击"旋转工具"并按住鼠标不放，可显示出隐藏的"镜像工具"。

（1）旋转工具可设定以旋转点旋转或旋转复制绘制的图形。选择需要旋转的对象图形，选择"旋转工具"，图形中心将出现旋转中心点 ，双击"旋转工具"，弹出"旋转"对话框，如图 1-61 所示，设置旋转角度，单击"确定"按钮后图形以中心点为圆心进行旋转。单击"复制"按钮，图形进行旋转复制，如图 1-62 所示。选中图形，选择"旋转工具"，按下 Alt 键在画面处单击即可确定旋转点，同时会弹出"旋转"对话框，如图 1-63 所示，将旋转点定为参考线交点。设定角度为"90°"，单击"复制"按钮后，对象将以辅助线交点为旋转圆心进行旋转复制。

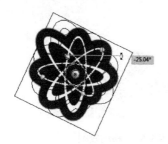

图 1-60　旋转定界框　　　　　图 1-61　"旋转"对话框　　　　　图 1-62　旋转复制

（2）可以将已有的图形进行镜像及镜像复制，与"旋转工具"相同，"径向工具"也需要按下 Alt 键并单击确定镜像点，此时会弹出"镜像"对话框，如图 1-64 所示。在该对话框中可设置"水平"、"垂直"、"角度"等参数，选中"垂直"单选按钮，单击"复制"按钮后，对象以垂直参考线为对称轴进行复制，如图 1-65 所示。

图 1-63　旋转复制图形　　　　　　　　　　图 1-64　"镜像"对话框

3）比例缩放工具、倾斜工具、整形工具

这 3 个工具同属于一个工具组 。

（1）比例缩放工具 ：双击该工具，在弹出的"比例缩放"对话框中输入百分比数值，进行缩放。

（2）倾斜工具 ：选中对象后选择该工具，在对象中心出现倾斜中心点，双击该工具，在弹出的"倾斜"对话框中设定倾斜角度，如图 1-66 所示。单击"确定"按钮，对象倾斜显示，如图 1-67 所示。也可以在选择该工具后直接拖动定界框进行倾斜操作。

（3）整形工具 ：整形工具需要选择曲线上的锚点，拖动锚点使图形变形。

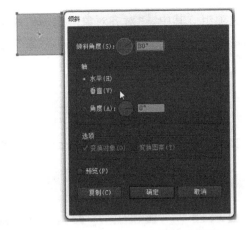

图1-65　镜像复制　　　　　　图1-66　"倾斜"对话框　　　　　　图1-67　倾斜

提示

（1）执行"对象/变换/分别变换"命令，在弹出的"分别变换"对话框中设置缩放、移动和旋转参数，即可同时完成以上变换操作。一次变换图形后再次应用变化时，可按Ctrl+D快捷键，如图1-68所示。

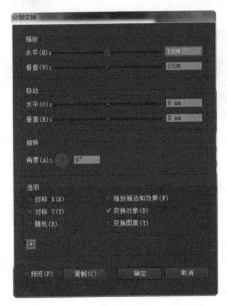

图1-68　"分别变换"对话框

（2）执行"窗口/变换"命令，弹出"变换"对话框，在对话框中可设定移动位置、旋转角度和倾斜角度。

4）变形工具组

变形工具组中的工具分别在图形上进行拖动变形的效果如图1-69所示。其中，"宽度工具"仅对描边产生作用，对填充不起作用。

4．对齐和分布

执行"窗口/对齐"命令，打开"对齐"面板，如图1-70所示。在"对齐"面板中有对齐对象和分布对象两个选项组。其中，"对齐对象"选项组规定了多个对象是否在同一个水平线或垂直线上，也规定了对齐线的位置方式；"分布对象"选项组规定了对象之间的等距离间距。

图1-69　变形工具组的变形效果

具体操作方法如下。

（1）置入一个图形，再复制多个，不规则地放置在画面中，如图1-71所示。

图1-70　"对齐"面板

图1-71　置入并复制符号图形

（2）使用"选择工具"同时框选几个图形，单击"对齐"面板上的"水平居中对齐"按钮，效果如图1-72所示。此时，图形在一条垂直轴上，水平坐标点为同一点。

（3）单击"垂直居中分布"按钮，使图形之间的间距相等，如图1-73所示。

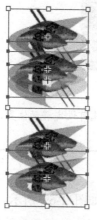

图1-72　水平居中对齐

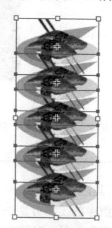

图1-73　垂直居中分布

（4）尝试使用"对齐"面板上的其他按钮。

案例2	围成圆圈的羊——镜像工具、旋转工具运用

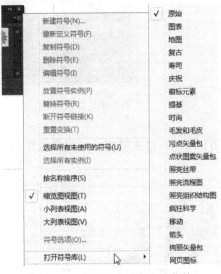

◎制作分析

在图 1-74 所示的图形中，每两只羊头对着头围绕成一个圆圈，说明对象是先进行镜像复制再进行旋转复制得到的。

◎操作步骤

（1）新建文件，名称为"围成圆圈的羊"，大小为 A4，竖版，颜色为 CMYK 模式，单位为毫米。其余使用默认值。

图 1-74　围成圆圈的羊

（2）按 Ctrl+R 组合键显示标尺，拖动出一条水平、一条垂直的参考线。

（3）在"窗口"菜单中打开"符号"面板，如图 1-75 所示。

（4）单击"符号"面板右上角的符号，打开隐藏的面板菜单，执行"打开符号库/原始"命令，如图 1-76 所示。

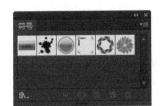

图 1-75　"符号"面板

图 1-76　"打开符号库"子菜单

（5）打开"原始"面板，并选择"羚羊"图片，如图 1-77 所示。

（6）将"羚羊"符号拖至绘图区域，并用"选择工具"选择"羚羊"符号，移动至垂直参考线右侧，羚羊嘴部对着垂直参考线，如图 1-78 所示。

（7）选择"镜像工具"，按住 Alt 键在垂直参考线上羚羊嘴部单击，在弹出的"镜像工具"对话框中选中"垂直"单选按钮，并单击"复制"按钮，如图 1-79 所示。

图 1-77　"原始"面板

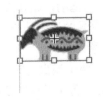

图 1-78　对齐参考线

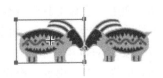

图 1-79　镜像复制

（8）使用"选择工具"同时框选两只羊。选择"旋转工具"，按住 Alt 键在水平和垂直参考线的交点处单击，设定旋转中心点。在弹出的"旋转"对话框中设定旋转角度为 45°，单击"复制"按钮，如图 1-80 所示。

提示

右击，执行"锁定参考线"命令，将参考线锁定，否则会将参考线一并选中。

（9）多次按 Ctrl+D 组合键，执行多次旋转复制操作，直到围成一圈，如图 1-81 所示。

（10）执行"文件/存储"命令，将文件存储在指定路径，保存类型为 Adobe Illustrator（*AI）。

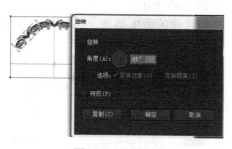

图 1-80　旋转复制

图 1-81　多次旋转复制

案例 3　虫虫楼梯——定界框缩放、倾斜工具运用

制作分析

图 1-82 所示的图形是通过对虫子符号进行变形、排列、复制等操作，得到的一个有立体效果的虫虫楼梯。

图 1-82　虫虫楼梯

操作步骤

（1）新建文件，大小为 A4，竖版，颜色为 CMYK，其余默认。

（2）单击"符号"面板右上方的菜单按钮 ，执行"打开符号库/自然"命令，打开"自然"面板。

（3）在"自然"面板中选择一个昆虫符号，将其拖至绘图区，如图 1-83 所示。

（4）选择"倾斜工具" ，在昆虫的定界框上拖动，使昆虫倾斜，如图 1-84 所示。

（5）使用"选择工具"在定界框一角拖动，稍作旋转，如图 1-85 所示。

（6）使用"选择工具"，保持昆虫符号的选中状态，按 Alt 键拖动并复制昆虫，在复制的过程中按 Shift 键水平移动，如图 1-86 所示。

（7）按 Ctrl+D 组合键两次，再复制两个昆虫，如图 1-87 所示，将其排列好。

（8）同样，拖动出另一个昆虫，用"选择工具"按住 Shift 键拖动定界框，进行等比例放大，并进行旋转和倾斜，复制一列图形，如图 1-88 所示，放置在第一列图形下方。

图 1-83　置入符号

图 1-84　倾斜

图 1-85　旋转

图 1-86　水平复制

图 1-87　再次复制

图 1-88　第二排昆虫

（9）同样，再拖动出另外 3 个昆虫符号，分别进行旋转、倾斜、复制排列，依次排放，如图 1-89 所示。

（10）使用"选择工具"同时框选所有昆虫，旋转定界框，如图 1-90 所示。

图 1-89　排列昆虫

图 1-90　旋转定界框

（11）执行"文件/存储"命令，名称为"虫虫楼梯"，文件格式为*AI。

案例 4 ┃ 梦幻蜻蜓——"分别变换"应用

📖制作分析

图 1-91 所示的蜻蜓是经过多次旋转复制、缩小、变换而成的。

📖操作步骤

（1）新建文件，名称为"梦幻蜻蜓"，大小为 A4，取向为"横向" ，颜色为 CMYK，其余默认。

（2）单击"符号"面板右上方的菜单按钮，执行"打开符号库/自然"命令，打开"自然"面板。

（3）在"自然"面板中找到"蜻蜓"符号，拖入绘图区。使用"选择工具"按住 Shift 键拖动定界框，等比例放大"蜻蜓"，如图 1-92 所示。

（4）执行"视图/显示标尺"命令，打开标尺，拖动出一条垂直参考线，放置在蜻蜓中心轴处，如图 1-93 所示。

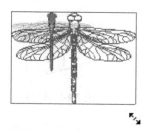

图 1-91　梦幻蜻蜓　　　　　　图 1-92　等比例放大

（5）使用"选择工具"选中"蜻蜓"符号。选择"旋转工具"，按住 Alt 键在辅助线上蜻蜓的上方单击，在弹出的"旋转"对话框中设定旋转角度为 60°。单击"复制"按钮，复制一个蜻蜓符号。保持被复制的蜻蜓的选中状态，多次按 Ctrl+D 组合键，直到蜻蜓围成一圈，如图 1-94 所示。

（6）在参考线上右击，在弹出的快捷菜单中执行"隐藏参考线"命令，如图 1-95 所示。

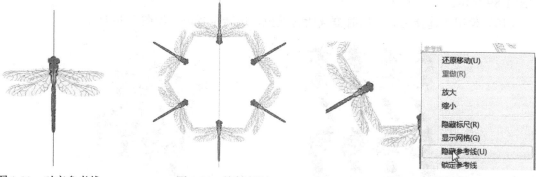

图 1-93　对齐参考线　　　　　图 1-94　旋转复制　　　　　　图 1-95　隐藏参考线

（7）使用"选择工具"同时框选所有图形，执行"对象/编组"命令，将图形编组。

（8）执行"对象/变换/分别变换"命令，在"分别变换"对话框中设定参数，如图 1-96 所示。单击"复制"按钮，得到如图 1-97 所示的图形。

（9）按 Ctrl+D 组合键 6 次，得到一个不断向里旋转缩小的图形，如图 1-98 所示。

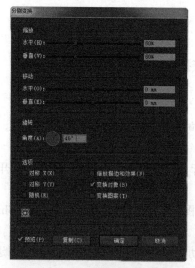

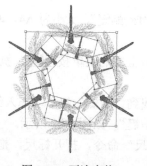

图 1-96　"分别变换"对话框　　　图 1-97　再次变换　　　　图 1-98　多次变换

（10）保存文件，格式为*AI。

 思考与练习

（1）在符号库中拖动出气球符号，制作如下所示的一串气球效果。

（2）在符号库中拖动出花卉符号，并进行复制、群组和对齐分布排列等操作，得到如下所示的效果。

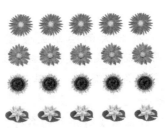

自我评价表

内容及技能要点	是否掌握		熟练程度		
	是	否	熟练	一般	不熟
选择对象：用选择工具、直接选择工具、编组选择、魔棒工具、菜单命令分别进行图形的选择					
移动对象：精确移动、复制图形及快捷键使用					
非原位粘贴操作					
原位粘贴操作					
运用定界框变形					
旋转工具运用					
镜像工具运用					
分别变换命令、再次变化及快捷键运用					
比例缩放工具运用					
倾斜工具运用					
整形工具运用					
"窗口/变换"菜单命令：按照比例及尺寸进行精确变形					
变形工具组运用：对图形进行不同的变形					
对齐和分布面板运用					
案例2制作					
案例3制作					
案例4制作					
思考与练习					

续表

内容及技能要点	是否掌握		熟练程度		
	是	否	熟练	一般	不熟
自我总结在本节学习中遇到的知识、技能难点及是否解决					

总结

    Illustrator CC 具有强大的绘制矢量图形的功能。本章着重介绍了 Illustrator CC 的工作界面及基本操作，包括打开文件、新建文件、导出导入文件。本章对工具箱、浮动面板、菜单栏、属性栏的基本操作做了详细介绍，方便后面的学习。

    学生在学习本章后应该了解界面的名称，掌握界面的基本操作知识，熟悉图形的编辑应用，能够对图形的变换进行操作，熟练掌握图形变换技巧。

第 2 章

绘图及填色功能

Illustrator 中运用直线、几何图形工具、填色工具及相应的浮动面板完成对图形的绘制。本章将介绍绘图工具及填色工具的具体用法。通过学习，学生应该掌握运用绘图填色工具绘制基本图形的方法。

2.1 线段、网格绘制

Illustrator 是一个矢量绘图软件，广泛应用于插画设计、标志设计、UI 设计等领域，所以它拥有基本的绘图功能。打开 Illustrator 软件，工具栏中有一组工具——线段绘制工具组，这个工具组右下方有小三角形，说明其中有其他工具存在，按住小三角形，下面将出现两个工具组的所有工具，如图 2-1 所示。线段绘制的路径，将在后面的钢笔工具中详细介绍。

1. "直线段" 工具

直线段工具用于绘制直的线段。

（1）选择 "直线段" 工具，单击绘图区域，将弹出 "直线段工具选项" 对话框，如图 2-2 所示，输入长度、角度，将绘制一条精确的直线段。

图 2-1　线段绘制工具组　　　　　　　　　图 2-2　"直线段工具选项"对话框

（2）选择"直线段"工具，直接在绘图区单击并拖动直线，手动控制线段的长度和角度。如果在拖动的同时按住 Shift 键，则可绘制角度为 90 度、45 度、180 度的线段。

2．"弧线"工具

弧线工具用于绘制有弧度的线段。

（1）选择"弧线"工具，单击绘图区，弹出"弧线段工具选项"对话框，如图 2-3 所示。根据弧线段工具选项的相关内容输入相应数值，绘制精确弧度的弧线段。其中，"X 轴长度"和"Y 轴长度"决定了弧线段的总长度及弯曲的形状。"类型"如果为"开放"，则绘制的仅是弧线段，若将"类型"改为"闭合"，则绘制的是扇形闭合的线段，如图 2-4 所示。基线轴显示了弧线的弯曲方向，斜率显示了弧线凹凸的程度。

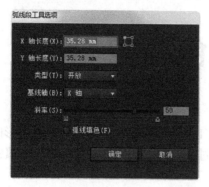

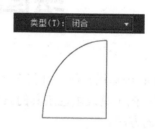

图 2-3　"弧线段工具选项"对话框　　　　　图 2-4　闭合弧线线段路径

（2）选择"弧线"工具，直接在绘图区单击并拖动弧线，手动控制弧线段的长度和弧度。按 Shift 键拖动弧线，将得到 X 轴长度、Y 轴长度等比例的弧线。

3．"螺旋线"工具

螺旋线工具用于绘制螺旋线段。

（1）选择"螺旋线"工具，单击绘图区，弹出"螺旋线"对话框，如图 2-5 所示。段数可以控制螺旋的圈数，段数越多圈数越多，反之亦然，如图 2-6 所示。

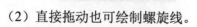

图 2-5　"螺旋线"对话框　　　　　　　图 2-6　不同段数的螺旋线

（2）直接拖动也可绘制螺旋线。

4. "矩形网格"工具

矩形网格工具用于绘制网格,可用作 VI 设计中的网格。

按照"矩形网格工具选项"对话框的内容填入相应数字制作网格。

(1)例如,绘制如图 2-7 所示的正方形网格。按照图 2-8 所示的"矩形网格工具选项"对话框中的提示,将宽度和高度设定为相同数字,将水平分割线与垂直分割线的参数也设定为相同数值,即可制作出外形是正方形,内部小方格也是正方形的网格。

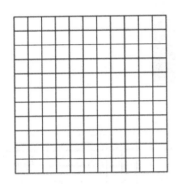

图 2-7 正方形

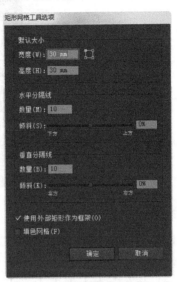

图 2-8 "矩形网格工具选项"对话框

(2)绘制如图 2-9 所示的长方形网格。要保证内部的单元也是正方形,就要设定水平分割数量与高度数值相同,或是它的 10 倍、100 倍等,垂直分割线数量与宽度数值相同或是它的 10 倍、100 倍等,如图 2-10 所示。又如,宽度是 60mm,高度是 40mm,水平分割线的数量可以设定成 40 或 400 或 4000 等,垂直分割线的数量可设定成 60 或 600 或 6000 等。

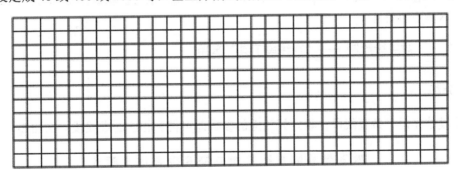

图 2-9 长方形网格

(3)可用网格工具在绘图区域内随意拖动,得出长宽比例不规则的网格,如图 2-11 所示,但拖动出来的网格的分割线与上一次设定的分割线相同。例如,若刚才设定的分割线数量分别是 10 和 30,那么新绘制出来的网格的分割线数也会是 10 和 30。

 提示

绘制的网格如果过小，则可用选择工具将网格选中，按住 Shift 键拖动网格一角，等比例放大网格。

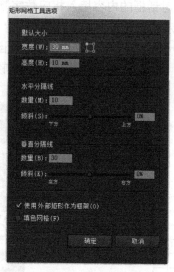

图 2-10　设置参数

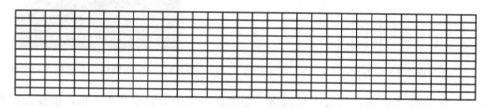

图 2-11　比例不规则的网格

5. 极坐标网格工具

极坐标网格工具可以将平面网格极坐标化，通过设置框可以精确圈数和分隔线数量。方法同上，这里不再赘述。

案例 1 ▎▎虚线段绘制——"直线段工具"运用

制作分析

虚线段首先是一条直线段，设定好相应的参数即可得到相应的虚线段，如图 2-12 所示。

图 2-12　虚线段

操作步骤

（1）绘制一条直线段，参数如图 2-13 所示，绘制长度为 100mm、角度为 180° 的水平直线段。填色默认为无色，描边为黑色，如图 2-14 所示。

（2）在直线段选中状态下，如图 2-15 所示，打开"描边"面板，设定参数如图 2-16

所示。勾选"虚线"复选框，下面的方框即呈现可输入状，输入每小段虚线的长度和间隙的长度。

图 2-13　直线段参数设置

图 2-14　黑色直线段绘制

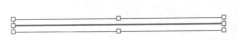

图 2-15　直线段选中状态

图 2-16　虚线段参数设定

（3）最终得到如图 2-12 所示的虚线段。

提示

"描边"面板中线段参数的设定中有一项是斜接限制参数，控制的是有转折点的线段绘制，默认的斜接限制是 4，这表示当连接点的长度达到描边粗细的 4 倍时，程序会将其从斜接连接切换为斜角连接（一般直观上并不显现）。若斜接限制为 1，则直接生成斜角连接。

案例 2　　艺术线条绘制——直线段工具运用

制作分析

图 2-17 是由许多线段组成的，看似规则又不规则，所以不需要设计精确参数，需要用特殊的方法处理。

操作步骤

（1）选择直线段工具，按住"～"键，随意在绘图区滑动，鼠标指针走过的痕迹便形成

图形图像处理（Illustrator CC）

不同的线条，如图 2-18 所示。

（2）使用选择工具，小心地分别框选不同区域的线段。

图 2-17　艺术线段绘制

图 2-18　鼠标指针走过的痕迹

（3）在工具箱中的填色区域设置填充色为无色，边框描边色默认为 ，双击描边色区域 ，弹出"拾色器"对话框，如图 2-19 所示，在右侧色条中选好颜色，在左侧区域中选好明度，将描边色设置为自己喜欢的颜色。

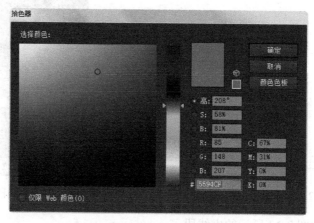

图 2-19　"拾色器"对话框

（4）多次框选不同区域的线条，更改描边色。

（5）设置好所有的色彩后全选所有线条，按 Ctrl+G 组合键。

提示

框选线条时不用全部选中，选中线条最外边的部分即可将整个线条选中，这样可以避免多选，而漏选的部分也可按住 Shift 键加选。

 思考与练习

（1）用线段工具绘制一个包装盒展开结构图，长、宽、高均为 50mm，贴边直线角度为 45°，长度为 5mm。

（2）绘制总宽 50mm、高 50mm、内部小方格也为正方形的规则正方形网格，如下图所

示。分割线数可自行设定，默认线宽为1pt，黑色。

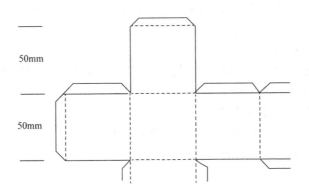

自我评价表

（3）绘制总宽 60mm、高 20mm、内部小方格也为正方形的规则长方形网格。分割线数可自行设定，默认线宽为1pt、黑色。

内容及技能要点	是否掌握		熟练程度		
	是	否	熟练	一般	不熟
实线直线段绘制：精确尺寸绘制、随意绘制					
虚线直线段绘制：设定虚线形状及间距					
弧线段绘制					
螺旋线段绘制					
网格绘制：正方形网格绘制					
网格绘制：长方形网格绘制					
线段描边色设定					
案例 1 制作					
案例 2 制作					
思考与练习					
自我总结在本节学习中遇到的知识、技能难点及是否解决					

2.2 图形绘制与颜色填充

1. 图形绘制工具

使用图形绘制工具，绘制出来的是规则的几何图形。图形绘制工具包括以下几种。

（1）矩形工具：绘制矩形。选择矩形工具后单击绘图区域即可弹出"矩形"工具对话框，输入相应的参数可绘制精确的矩形，也可直接在绘图区拖动绘制不规则矩形。按住 Shift 键拖动，绘制的是正方形。

（2）圆角矩形工具：绘制有圆角的矩形，方法同矩形工具的运用。

（3）椭圆形工具：绘制椭圆形和圆形，方法同上。

（4）多边形工具：根据设定的边数绘制多边形。

（5）星形工具：根据角数设置不同角数的星形。

（6）光晕工具：制作光晕效果。

2. 颜色填充方法

（1）拾色器：工具箱下方有"填色描边"工具，上面显示的是填充颜色，下面边框中显示的是描边颜色，当绘制图形的颜色时，以填色描边工具显示的颜色为其颜色。改变图形的填充颜色，需要双击"填色工具"，弹出"拾色器"对话框，在其中设置即可。若需要设置描边色，可双击"描边色"工具，在弹出的"拾色器"对话框中设定颜色。

（2）色板：打开"色板"面板，"色板"面板中自带许多颜色，可直接单击选用。同时，设定好图形颜色后，单击"色板"面板中的"新建"按钮，即可将设定好的颜色保存在色板中，如图 2-20 所示。

（3）颜色面板：打开"颜色"面板，在"颜色"面板的色谱中选择颜色，或通过滑动三角形滑块改变颜色，如图 2-21 所示。

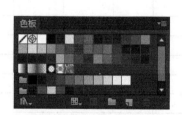

图 2-20　"色板"面板

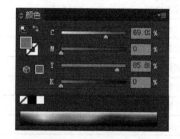

图 2-21　"颜色"面板

（4）渐变填充：工具箱中"填色描边"工具下方有三个小按钮，分别是"颜色"、"渐变"和"无"。默认情况下选择的是"颜色"，即填充的是单一的颜色，单击"渐变"按钮时，图形的颜色即变成渐变色，默认状态是黑白色，需要调整渐变颜色和方向。其方法如下。

① 单击"渐变"按钮，进入渐变填充状态。

② 打开"渐变"面板，如图 2-22 所示，"类型"下拉列表中有"线性"、"径向"两种选择。"线性"即从左向右或从上到下的线性渐变方式，选择"线性"选项可调节角度并改变渐变方向。"径向"即由中心向四周呈发射状的渐变方式。选择"径向"选项不仅可改变角度，还可设定渐变的长宽比例效果。

③ 渐变滑块下方有两个色标，色标可以添加也可以删除。在渐变滑块下方任意位置单击，即可添加新的色标，按住色标向下拖动可将色标删除，如图 2-23 所示。

④ 双击色标，打开临时"颜色"面板，单击"颜色"面板右上方的符号，在下拉列表

中选择"RGB"或"CMYK"等彩色模式,如图 2-24 所示。在"颜色"面板下方色谱中点选颜色,或输入相应的"RGB"或"CMYK"数值来设定准确的颜色值。

图 2-22 "渐变"面板

图 2-23 添加色标

⑤ 双击每个色标都将打开临时"颜色"面板,在临时"颜色"面板中,也可以设定颜色的不透明度,制作特殊的渐变效果。

⑥ "渐变"工具是改变渐变方向和渐变色标位置的工具,是在已经设定好的渐变上进行修改的调整工具,如图 2-25 所示。选择"渐变工具",渐变色填充过的图形上会弹出"渐变编辑器"对话框。可以直接拖动改变其位置,也可以在编辑器的渐变滑块上添加色标和修改颜色。

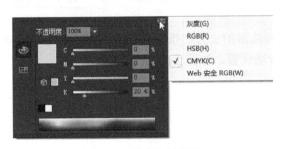

图 2-24 设定色标颜色

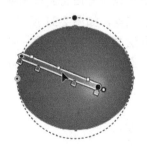

图 2-25 使用"渐变工具"调整渐变

案例 3 制作立方体——矩形工具运用

制作分析

该立方体的透视效果图是一个正立方体。正面部分绘制的是正方形,上面和右侧面都是矩形的倾斜变形,所以绘制这样的立方体效果图需要用到矩形工具和倾斜工具,如图 2-26 所示。

操作步骤

图 2-26 立方体效果图

(1)在新建的 A4 大小的文件画面中绘制宽度为 65mm、高度为 65mm 的矩形。

(2)按 Alt 键复制矩形到右侧,如图 2-27 所示。

(3)选择"倾斜工具" ，按住 Alt 键,在如图 2-28 所示的红色圆圈中两线交叉的地方点下，定下倾斜中心点的位置，画面弹出"倾斜"对话框，按照如图 2-29 所示的参数设置。

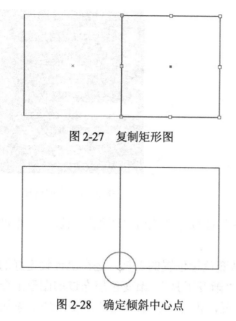

图 2-27　复制矩形图

图 2-28　确定倾斜中心点

图 2-29　"倾斜"对话框

（4）参数设定好后得到倾斜的四边形，如图 2-30 所示。使用"选择工具"选中四边形向里拖至合适位置，如图 2-31 所示。

（5）方法同上，再次复制一个矩形并放至四边形的上方，按 Alt 键的同时在红色圈内定点处单击，确定倾斜的定点，手动拖动倾斜到合适位置，如图 2-32 所示。

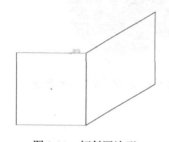

图 2-30　倾斜四边形

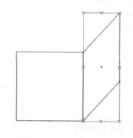

图 2-31　调整四边形

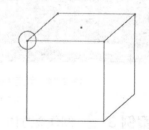

图 2-32　手工拖动倾斜矩形

 提示

按 Alt 键定点时会弹出"倾斜"对话框。此时，因为需要手工拖动倾斜面，所以可将"倾斜"对话框关闭。

（6）填充颜色。选中正面的矩形，单击工具箱中的填色区域▇，弹出"拾色器"对话框，如图 2-33 所示，设置颜色值为 CMYK（67%，31%，0，0），将正面的矩形填充成需要的蓝色，并去掉边框色。

（7）方法同上，填充好顶部的颜色，单击侧面的菱形，在打开的"色板"面板中单击深蓝底星形花纹图案，将图案置入侧面，如图 2-34 所示。

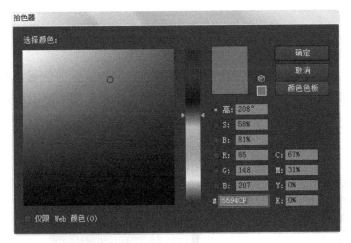

图 2-33 拾色器

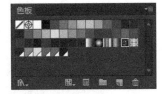

图 2-34 "色板"面板

提示

（1）为形状填色时可运用"色板"面板中已经包含的颜色，也可以自己设定好颜色并将其加入到"色板"面板中。具体方法如下。

① 在"拾色器"对话框中设定好需要的颜色。

② 执行"窗口/色板"命令，打开"色板"面板，如图 2-34 所示。

③ 单击"新建色板"按钮，弹出如图 2-35 所示的"新建色板"对话框。

④ 单击"确定"按钮即可将新建的颜色置入到色板中。

（2）"色板"面板中如果没有图案填充，则单击面板右上方的按钮，在下拉列表中选择"打开色板库/图案"选项。选择所需要的图案色板，在图案色板中找到所需图案。

（3）如果先给图形填充图案颜色，再对图形进行"缩放"、"移动"、"旋转"和"镜像"变形，需要在"缩放"等对话框中通过选项来指定变换内容。

① 比例缩放描边和效果：选择该选项后，如果对象设置了描边或者添加了效果，则描边和效果会与对象一同变换，否则，仅变换对象。

② 对象/图案：如果对象填充了图案，则选择"对象"选项

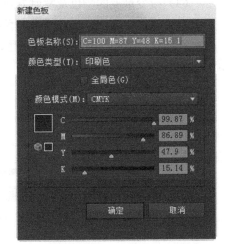

图 2-35 "新建色板"对话框

时，仅变换对象，图案保持不变；选择"图案"选项时，仅变换图案，对象保持不变；两个选项都选择时，对象和图案会同时变换。

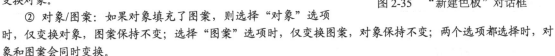

案例 4 卡通小绿豆——椭圆工具、星形工具、渐变填充工具运用

制作分析

图 2-36 中的小绿豆圆滚滚的，非常可爱。在制作它的过程中运用了椭圆工具、星形工具及前面学过的弧线工具。颜色的填充则运用了渐变填充方法，增强了角色的立体感。

操作步骤

（1）新建 A4 大小的文件，"选择"椭圆工具，并按住 Shift 键绘制正圆。

（2）填充渐变色。打开"渐变"面板，如图 2-37 所示，并单击图中红圈的位置，将渐变色置入到圆中，渐变类型为径向。此时，渐变颜色默认为黑白色，并从中心点发射，如图 2-38 所示。

图 2-36　卡通小绿豆

图 2-37　"渐变"面板

（3）改变渐变的颜色及发射方向。如图 2-39 所示，双击渐变滑块下左边的小色标，将打开临时"颜色"面板，在临时"颜色"面板中可改变渐变的颜色。也可以选中渐变滑块下的小色标，打开"颜色"面板，设置颜色值为 CMYK（50%，0，100%，0），如图 2-40 所示。

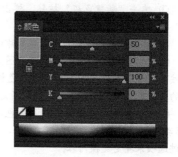

图 2-38　渐变填充　　　　图 2-39　渐变滑块　　　　图 2-40　"颜色"面板

提示

如果双击色标后打开的临时"颜色"面板中颜色滑块仍是黑白的，则需要单击临时"颜色"面板右上角的下拉按钮，选择 RGB 模式，再在颜色滑块中吸取颜色。

（4）方法相同，双击渐变滑块右边的小色标，将色彩值改为 CMYK（80，25，100，0），渐变色如图 2-41 所示。

（5）案例中小绿豆圆滚滚的身体是渐变效果得来的，但是受光点不是中心，而在左上方，这就需要修改发射点。选择工具箱中的渐变工具，在圆形上单击，显示渐变编辑条，拖动中心的圆圈可改变渐变方向和受光点位置，如图 2-42 所示。

（6）双击边框线填充工具，将边框线的颜色设置为 CMYK（90%，65%，100%，50%），打开"描边"面板，将描边粗细改为 2pt。

（7）绘制椭圆形，制作小绿豆眼白部分，按照图 2-43 设定渐变参数。从左向右，第一个、第二个色标为白色，第三个色标值为 CMYK（39%，0，70%，0）。描边设置同小绿豆身体的设置。在上面画黑色圆点做瞳孔，框选眼白和黑眼圈，使用群组功能即可得到一只眼睛。镜像复制即可得到另一只眼睛，如图 2-44 所示。

图 2-41 修改渐变色

图 2-42 改变受光点位置

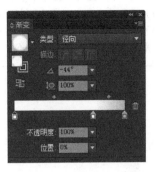

图 2-43 设置渐变参数

（8）将眼睛放到身体合适的位置，并用"弧线段工具"画上眉毛和嘴巴，描边设置粗细为 5pt，如图 2-45 所示。

（9）选择"星形工具" ，并在画面上单击，弹出"星形"对话框，按照图 2-46 设置相应参数，绘制小绿豆嘴巴上的小星星，并将其放到嘴角处。

图 2-44 眼睛绘制

图 2-45 添加眉毛和嘴巴

图 2-46 "星形"对话框

（10）在小绿豆的身体上用"椭圆形工具"画上斑点。先绘制正圆，填充颜色为 CMYK（75%，35%，100%，0）。复制几个圆，改变其大小并群组，如图 2-47 所示。

（11）选中斑点，打开"透明"面板（Shift+Ctrl+F10），设置斑点的不透明度为 50%，如图 2-48 所示。

（12）保存。完成制作。

图 2-47 斑点

图 2-48 不透明度设定

 提示

为渐变添加颜色的方法有以下几种。

（1）从"颜色"面板或"色板"面板中拖动一个色板至"渐变"面板滑块上，直到出现一条表示添加颜色的垂直线条时松开鼠标左键。

（2）拖动工具或"渐变"面板中填色或描边的实色。

（3）按住 Alt 键拖动一个色标至另一个色标上，将会交换两个色标的颜色。

（4）按住 Alt 键拖动色标即可创建副本。

（5）填色时，双击渐变面板中的渐变条，在"色板"或"颜色"面板中选择一种颜色。

（6）单击"渐变"面板色标所在的渐变条位置，即可添加新的色标，当光标处于可添加新的色标的正确位置时，光标附近会出现一个小小的"+"符号。

 思考与练习

（1）运用形状绘制工具和渐变工具绘制以下图案。

（2）绘制如下金属管道。

自我评价表

内容及技能要点	是否掌握		熟练程度		
	是	否	熟练	一般	不熟
矩形工具运用：按尺寸精确绘制正方形、长方形					
圆角矩形工具：设定圆角参数值，绘制圆角矩形					
椭圆形工具运用：绘制正圆					
多边形工具运用：根据设定的边数绘制多边形					
星形工具运用：根据角点数设置不同角数的星形					
光晕工具：制作光晕效果					
运用"拾色器"设定填充颜色					
"色板"面板运用：填充颜色、新建颜色					
"颜色"面板运用：设定填充颜色					
渐变颜色填充："渐变"面板、"渐变工具"运用					

续表

内容及技能要点	是否掌握		熟练程度		
	是	否	熟练	一般	不熟
案例 3 制作					
案例 4 制作					
思考与练习					
自我总结在本节学习中遇到的知识、技能难点及是否解决					

2.3 形状生成器、实时上色

"形状生成器"工具（Shift+M）是一个用于通过合并或擦除简单形状以创建复杂形状的交互式工具。它对简单复合路径有效。

它直观地高亮显示所选艺术对象中可合并为新形状的边缘和选区。"边缘"是指一个路径中的一部分，该部分与所选对象的其他任何路径都没有交集。选区是一个边缘闭合的有界区域。默认情况下，该工具处于合并模式，允许用户合并路径或选区。用户也可以按住 Alt 键（Windows）或 Option 键（Mac）切换至抹除模式，以删除任何不想要的边缘或选区。

"实时上色"（K）是一种创建彩色图画的直观方法。通过采用这种方法，可以使用 Illustrator 的所有矢量绘画工具，而将绘制的全部路径视为在同一平面上。也就是说，没有任何路径位于其他路径之后或之前。实际上，路径将绘画平面分割成几个区域，可以对其中的任何区域进行着色，而不论该区域的边界是由单条路径还是多条路径段确定的。这样，为对象上色就像在涂色簿上填色，或者用水彩为铅笔素描上色。

案例 5 茶壶形状绘制——"形状生成工具"运用

制作分析

茶壶的外形由"圆形工具"、"倒角矩形工具"、"弧线工具"绘制，用"形状生成工具"将所有图形合并成一个图形，如图 2-49 所示。

操作步骤

（1）新建 A4 大小文件。

（2）选择"圆角矩形工具"，在绘图区域单击，弹出"圆角矩形"对话框，如图 2-50 所示，设置参数如下：宽 50mm，高 50mm，圆角半径 10mm。据此参数绘制一个圆角矩形。

（3）选择"椭圆形工具"，在绘图区单击，弹出"椭圆"对话框，设置宽 50mm，高 50mm。

（4）将两个图形放置到合适位置，用选择工具框选两个图形，在上方的属性栏中单击"水平居中对齐"按钮（上下位置可用箭头键进行微调），如图 2-51 所示。

（5）在上方加一个小圆，水平居中对齐。

图 2-49　茶壶形状

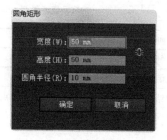

图 2-50　"圆角矩形"对话框

（6）用弧线工具从右下方向左上方拖动，画出弧线段，设定填充色为无色，边框色为灰。执行"窗口/描边面板"命令，设置描边粗细为16pt。

（7）执行"对象/路径/轮廓化描边"命令，将弧线路径进行轮廓化描边，将其转化成图形，如图 2-52 所示，放入壶身左边位置。

图 2-51　对齐图形

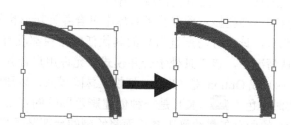

图 2-52　弧线路径进行轮廓化描边

（8）用圆角矩形工具绘制一个圆角矩形，同样将描边设为 16，填充色去掉。执行"对象/路径/轮廓化描边"命令，画出茶壶手柄并放置在壶身右侧，并用选择工具将所有图形框选起来，如图 2-53 所示。

（9）选择"形状生成器"工具，鼠标指针变成一个黑色箭头，其下方附有加号，鼠标指针经过图形时会出现网格。这时拖动鼠标经过所有需要合并的图形，如图 2-54 所示。

图 2-53　框选所有图形

图 2-54　合并图形

（10）将需要合并的图形一个一个合并，不要放过任何一个复杂的角落，如几个图形重叠的地方，这样即可得到如图 2-49 所示的茶壶图形。

（11）保存文件。

图形图像处理（Illustrator CC）

案例6 ▎▎ 花形图案制作——"形状生成工具"运用

💿制作分析

图 2-55 所示的图案由三个圆形重叠部分组成，运用"形状生成工具"可将多余的部分删除，得到重叠部分的形状，再运用"形状生成工具"将需要合并的部分合并，并填充渐变色。

💿操作步骤

（1）新建 A4 大小文件。

（2）选择"多边形工具"，在绘图区域单击，弹出"多边形"对话框，设定多边形边数为"3"，半径为 20mm，无填充色，边框色为黑色，如图 2-56 所示。

图 2-55　花形图案　　　　　　　　　　　图 2-56　三角形

🦅提示

此处三角形仅仅作为辅助线使用，绘图完成将会被删除。画好的三角形是尖角朝上的正三角形，需要运用"镜像工具"将三角形倒过来。

（3）以三角形的一个顶点为圆心，选择"椭圆形工具"，同时按住 Alt 键和 Shift 键从圆心点绘制正圆，并复制两个圆将圆形放到三角形另外两个角点上，如图 2-57 所示。

（4）删除三角形，设置三个圆的描边粗细为 20，填充色无。执行"对象/路径/轮廓化描边"命令，如图 2-58 所示。

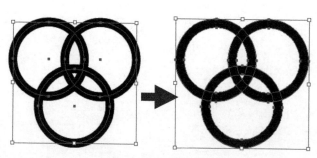

图 2-57　圆形绘制复制　　　　　　　　　　　图 2-58　轮廓化描边

（5）选择"形状生成工具"，按住 Alt 键切换为抹除模式，单击相交以外的部分，将这些部分删除，如图 2-59（a）所示。

（6）松开 Alt 键，"形状生成器工具"恢复为合并模式，按照如图 2-59（b）分别合并相应部分。

（7）如图 2-60 所示，设置渐变色为黄色到蓝色，运用渐变工具调整渐变方向，得到如图 2-55 所示的花形图标。

（a）删除多余部分　　　　　（b）分别合并相应部分

图 2-59　删除并合并相应部分　　　　　　　　　　图 2-60　设置渐变

案例 7　格子图案——"实时上色工具"运用

制作分析

为了让学习者更好地掌握"实时上色工具"的用法，如图 2-61 所示的格子图案不是由"网格工具"画成的，而是由"直线段工具"和"实时上色工具"共同完成的。

图 2-61　格子图案

操作步骤

（1）在新建的 A4 文件上，按住 Shift 键，用直线段工具绘制两条垂直相交的直线。填充色去掉，描边色为黑色，默认描边粗细为 1pt，如图 2-62 所示。

（2）选择水平直线，按住 Alt 键并拖动复制水平直线，在鼠标不松开的情况下按 Shift 键使直线垂直向下复制，按 Ctrl+D 组合键，多重复 5 条直线。方法相同，复制 5 个垂直直线，形成网格，如图 2-63 所示。

（3）选中全部直线路径，如图 2-64 所示。

 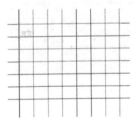 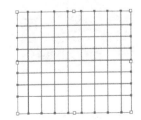

图 2-62　垂直相交直线　　　　图 2-63　网格　　　　图 2-64　选中网格

（4）选择实时上色工具，将鼠标指针放到选中的路径上并单击，这些线变为一个实时上色组，如图 2-65 所示。

（5）将鼠标指针放置在某个封闭的区域时，此区域变为红色框，如图 2-66 所示。

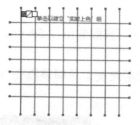

图 2-65　建立实时上色组

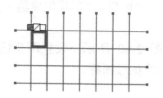

图 2-66　鼠标指针放在封闭区域

（6）打开"色板"浮动面板。单击上方的三角形按钮 ，在下拉菜单中执行"打开色板库/大地色调"命令，如图 2-67 所示。

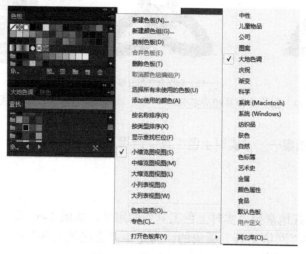

图 2-67　使用大地色调

（7）选择"大地色调"面板中的颜色，单击封闭区域，将"大地色调"面板中的颜色填充到封闭的网格中，如图 2-68 所示。

（8）使用"选择工具"选中所有线段，描边粗细改为 3pt，如图 2-69 所示。

（9）重新选择"实时上色工具"并按 Shift 键，鼠标指针变成如图 2-70 所示形状，切换为描边色填充状态，此时可以改变描边的颜色。

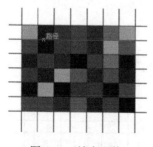

图 2-68　填充网格

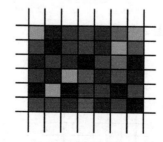

图 2-69　改变线条粗细

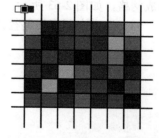

图 2-70　切换为描边色填充状态

（10）双击描边色填充，在拾色器中选择深绿色，在线段路径上拖动，将网格内部的线段路径改为深绿色。注意，外部的颜色不要修改，如图 2-71 所示。拖动时会发现线段已经被分割为许多小段，有时需要一个小段一个小段地单击以便修改颜色。

（11）使用"选择工具"框选所有路径，执行"对象/扩展"命令，弹出如图 2-72 所示对话框，在"扩展"选项组中选中"对象"、"填充"和"描边"复选框。

（12）右击"取消编组"，逐个删除外部多余线条，如图 2-73 所示，得到最终网格图案。

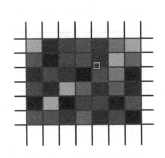

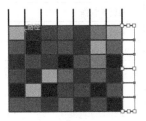

图 2-71 改变描边颜色 　　　图 2-72 "扩展"对话框 　　　图 2-73 删除多余的线条

（13）保存作品。

提示

合并实时上色时，应选择实时上色组和要添加到组中的路径，执行"对象/实时上色/合并"命令，或者单击"控制"面板中的"合并实时上色"按钮。

思考与练习

（1）运用"形状生成器工具"完成下列图标的制作。

（2）运用实时上色工具绘制以下蜗牛壳图案。

自我评价表

内容及技能要点	是否掌握		熟练程度		
	是	否	熟练	一般	不熟
形状生成器工具运用：合并图形					
形状生成器工具运用：抹除图形					
实时上色工具运用					
案例 5 制作					
案例 6 制作					
案例 7 制作					
思考与练习					
自我总结在本节学习中遇到的知识、技能难点及是否解决					

总结：

　　本章介绍了基础的绘图填色知识。读者在学习本章后应该能够运用基本形状工具绘制形状，并进行相应的填色。知识点中所有内容是循序渐进的，一个环节扣着一个环节，希望学习者在学习中能够先从基本图形绘制开始，逐步掌握"直线段工具"、"弧线工具"、"螺旋线工具"、"网格工具"、"矩形工具"、"圆角矩形工具"、"椭圆形工具"、"多边形工具"及"星形工具"的运用，并能够绘制相应的线段和几何形体。

　　学习者通过案例学习应该能够掌握"拾色器"填色、"色板"面板填色、"颜色"面板填色、"渐变"面板填色等填色方法；能够运用渐变工具调整渐变效果，能够运用形状生成器工具绘制图形，能够运用实时上色填色工具进行封闭路径的填色，等等。考虑到实用性及难易程度等因素，工具组中有个别工具没有进行介绍，如"光晕工具"、"极坐标网格"工具等。

第 3 章

钢笔工具与路径绘制

钢笔工具可以绘制出有曲线的路径，通过调整路径可完成千变万化的图形绘制。铅笔工具不仅可以绘制路径，还可以绘制出笔触的效果。所以钢笔工具和铅笔工具在 Adobe Illustrator 中是非常重要的矢量绘图工具。本章将详细讲解钢笔工具的使用方法，要求学习者通过学习，掌握钢笔工具绘制曲线路径的具体运用方法，并能够熟练运用快捷键调整路径，以及结合前面章节的填色工具完成矢量图形绘制。

3.1 钢笔工具绘图

"钢笔工具"（P）是绘制路径的工具。路径指以"贝塞尔曲线"为理论基础，由一个或多个直线段或曲线段组成的线条。路径由锚点和线段组成，锚点标记路径段的端点。在曲线段上，每个选中的锚点显示一条或两条方向线，方向线以方向点结束。方向线和方向点的位置决定了曲线段的大小和形状。移动这些图将改变路径中曲线的形状。如图 3-1 所示，A 表示曲线段；B 表示方向点；C 表示方向线；D 指示的小方框为实黑色，表示选中的锚点；E 指示的小方框内部为白色，表明此处是未选中的锚点。

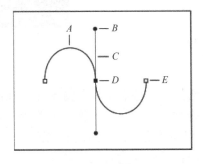

图 3-1　路径

"钢笔工具"绘制路径的方法如下。

1．直线路径

选择钢笔工具在绘图区一端单击确定起点，在终点位置再次单击，即可得到一条直线段。单击起点后按住 Shift 键单击终点，将得到角度为 45°、90°、180°的直线路径，如图 3-2 所示。

2．曲线路径

选择钢笔工具在绘图区单击起点，单击终点时拖动鼠标，将出现方向线和方向点，绘制的线段也将是曲线，如图 3-3 所示。此时的路径为开放路径。

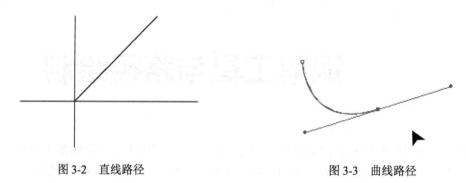

图 3-2　直线路径　　　　　　　　　图 3-3　曲线路径

3．调节方向线和方向点

选择白色箭头"直接选择工具"（A），单击锚点将锚点选中，出现方向线，拖动方向点调节整条方向线，如图 3-4 所示。

4．增加、删减锚点

单击工具箱中"钢笔工具"右下角的三角按钮，弹出"钢笔工具组"下拉菜单，选择"添加锚点工具"选项，如图 3-5 所示。在路径上单击即可添加锚点。选择"删除锚点工具"选项，单击添加的锚点，即可删除掉锚点。

图 3-4　调节方向线　　　　　　　　　图 3-5　钢笔工具组

5．转换锚点

（1）在"钢笔工具组"中选择"转换点工具"选项，在绘制的路径锚点上拖动，得到的效果和用"直接选择工具"拖动"方向点"一样，可改变"方向线"的方向。如果用"转换点工具"拖动"方向点"，则仅能改变一条方向线的位置，如图 3-6 所示。

（2）单击终点处的锚点，将曲线转换为直线。同样，单击曲线中间的锚点，可将曲线的圆弧转换为尖角，如图 3-7 所示。

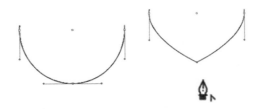

图3-6 改变一条方向线　　　　　　　　　图3-7 转换锚点

（1）"直接选择工具"可以选择单个锚点，按住 Shift 键时可同时选中多个锚点。使用"直接选择工具"框选也可粗略地选中多个锚点。

（2）选择钢笔工具绘制好路径，按 Ctrl 键将钢笔工具临时切换为"选择工具"。但如果运用了"直接选择工具"，紧接着使用"钢笔工具"，再按 Ctrl 键，则钢笔工具切换为"直接选择工具"。

（3）绘制路径时按住 Alt 键，钢笔工具将切换为"转换锚点工具"。

6. 绘制闭合路径

钢笔工具可绘制开放的路径，也可绘制闭合的路径。当绘制闭合路径时，将鼠标指针放在起点位置，钢笔下方将有一个小圆圈的图标，单击起点，即可使路径闭合，如图3-8所示。

案例 1 心形绘制——钢笔工具运用

制作分析

图 3-9 所示的心形是钢笔工具绘制的，使用转换锚点工具、直接选择工具调整得到了外形，内部填充了渐变色，体现了晶莹剔透的感觉。

图3-8 绘制闭合路径　　　　　　　　图3-9 心形

操作步骤

（1）在新建的 A4 文件的绘图区中拖动出几条参考线，如图3-10所示。

（2）选择钢笔工具并在参考线的相交点上单击，闭合路径，画出直线几何形状，如图 3-11 所示。

（3）运用转换锚点工具单击左上方的锚点并拖动，得到弧形，在右上方的锚点上单击并拖动，得到心形形状，如图3-12所示。

（4）用转换锚点工具和直接选择工具调整锚点、方向线、方向点，调整整个心形的形状，如图3-13所示。

图 3-10　绘制辅助线

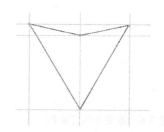

图 3-11　绘制直线几何形状

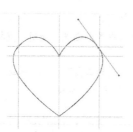

图 3-12　心形形状

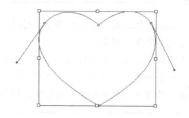

图 3-13　调整心形形状

图 3-14　设置渐变色

（5）如图 3-14 所示，设置渐变色填充到心形中。渐变色为浅蓝（CMYK：10%，0%，0%，0%）到深蓝（CMYK：90%，70%，0%，0%），类型为径向。

（6）运用"渐变工具"调整渐变发射点和方向，如图 3-15 所示。

（7）选择钢笔工具绘制心形上的高光部分的形状。方法相同，需要运用转换锚点工具和直接选择工具调整，如图 3-16 所示。

（8）设置渐变色填充，类型为"径向"。颜色为 CMYK（49%，0%，0%，0%）到 CMYK（70%，37%，0%，0%）的渐变，如图 3-17 所示。

图 3-15　调整渐变

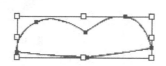

图 3-16　绘制高光

图 3-17　填充高光渐变色

（9）将高光图形放置到心形中，得到如图 3-9 所示的晶莹剔透的心形图标。

（10）保存文件。

案例 2　苹果标志临摹制作——钢笔工具运用

制作分析

（本案例仅供学习者熟悉相应的工具运用，并不一定是原标志的制作过程，只是对原标志的临摹。）

图 3-18 所示的苹果标志是大家非常熟悉的标志，这里介绍运用钢笔工具和形状生成器工具绘制出苹果的外形，并用渐变填充等制作标志的光泽效果。

操作步骤

（1）新建 A4 大小文件。

（2）在绘图区拖动出两条相交的参考线，并以垂直的参考线为中轴线，拖动出两条与中轴线距离相等的垂直参考线，如图 3-19 所示。

图 3-18　苹果标志

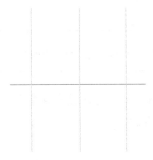

图 3-19　拖动出参考线

（3）用椭圆形工具按住 Alt 键和 Shift 键，在参考线相交的中心点处绘制正圆，如图 3-20 所示。

（4）分别用"添加锚点工具" 在如图 3-21 所示的参考线与圆的交点位置添加 4 个锚点。

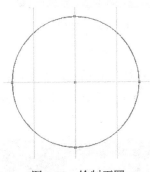

图 3-20　绘制正圆

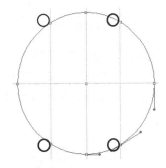

图 3-21　添加锚点

（5）用"直接选择工具" 选中正圆顶部的锚点，按键盘上的下方向键，将其调整到合适位置。同样，选中最下方的锚点，按键盘上的上方向键，将其调整到合适位置，如图 3-22 所示，绘制好苹果果身。

（6）画一个正圆，放置到苹果图形果身左上方，如图 3-23 所示。

（7）选择"形状生成器"工具，按住 Alt 键，将苹果被咬掉的部分删除，如图 3-24 所示。

（8）继续运用"直接选择工具"和"转换锚点工具"对苹果进行调整，将上部两个锚点分别向两边移动，下部两个锚点向中间移动，并调整弧度，得到如图 3-25 所示的图形，复制一个备份。

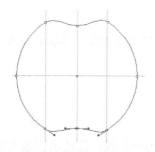

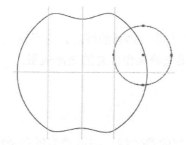

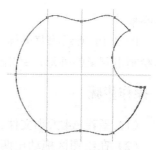

图 3-22　调整顶部和底部锚点　　　　图 3-23　绘制圆形　　　　　图 3-24　删除圆

调整锚点时可运用键盘上的方向键，对锚点的位置进行微调，这样即可使左右两边保持对称。

（9）填充渐变色，设置颜色类型为灰度，颜色值分别为 46%、25%、0%，类型为径向，如图 3-26 所示。

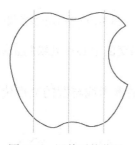

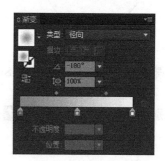

图 3-25　调整后的苹果　　　　　　图 3-26　设置渐变色

（10）运用"渐变工具"调整渐变的位置和方向，如图 3-27 所示。

（11）执行"对象/路径/偏移路径"命令，弹出"偏移路径"对话框，设置位移为 2mm，如图 3-28 所示，其余参数保持为默认值，在原图形下方将出现一个比原图形大一些的图形。

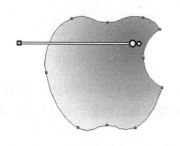

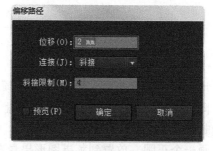

图 3-27　调整渐变　　　　　　　图 3-28　"偏移路径"对话框

在"偏移路径"对话框的"位移"文本框内输入正值，路径会向外按此值形成一个嵌套路径。若输入负值，则会向内形成一个嵌套路径。

（12）运用"选择工具"选择下方的新图形并填充为灰色，如图 3-29 所示。

（13）在下方灰色图形选中的情况下，执行"编辑/复制"（Ctrl+C）和"编辑/贴在后面"（Ctrl+B）命令，此时复制了一个图形并放在最后面，将颜色设置为黑色。运用方向键向下位移数次，向右位移数次，得到如图 3-30 所示的黑色阴影。

图 3-29　将下方图形填充为灰色

图 3-30　绘制黑色阴影

（14）在备份的苹果图形上方绘制如图 3-31 所示的图形。

（15）选择形状生成器工具（Shift+M），按住 Alt 键并单击删除多余部分，得到如图 3-32 所示的高光部分的图形。

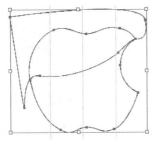

图 3-31　绘制不规则图形

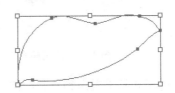

图 3-32　高光部分图形

（16）单击"渐变填充"按钮 ，得到如图 3-33 所示的渐变填充图形。

（17）打开"渐变"面板，将第一个和第二个渐变色标均设定为白色，单击第二个色标，将下方的"不透明度"设定成 0%，如图 3-34 所示，并设定角度为"-90°"。

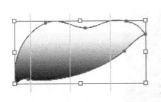

图 3-33　高光部分图形

图 3-34　"渐变"面板

（18）将得到的图形放置在前面绘制好的苹果上，如图 3-35 所示。

（19）选择"钢笔工具"绘制苹果叶子。使用"钢笔工具"绘制叶子一边的弧线，并按住 Alt 键单击锚点取消方向线，继续另一边叶子路径的绘制，闭合路径，绘制出叶子的形状，如图 3-36 所示。

图 3-35　放置入高光图形

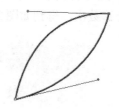

图 3-36　绘制叶子形状

（20）给叶子填充灰到白的渐变色，按 Alt 键拖动，复制一个叶子形状，以便绘制高光。

（21）再次复制一个叶子（按 Ctrl+C 组合键），贴到后面（按 Ctrl+B 组合键），填充为黑色，向左移动，制作出阴影。

（22）运用"钢笔工具"在备份的叶子上绘制图形，并用"形状生成器"工具修剪出高光形状，如图 3-37 所示。

（23）同样，将高光制作成由白色到透明色的渐变，并将高光放入叶子，如图 3-38 所示。

图 3-37　绘制高光

图 3-38　添加高光

（24）将叶子和苹果组织到一起，并群组（按 Ctrl+G 组合键），得到如图 3-18 所示的苹果标志。

（25）保存文件。

　思考与练习

（1）用钢笔工具按照下面的人像剪影描摹一个闭合的路径。

（2）运用"钢笔工具"等绘制如下企鹅头像。

自我评价表

内容及技能要点	是否掌握		熟练程度		
	是	否	熟练	一般	不熟
钢笔工具绘制路径：直线路径绘制					
钢笔工具绘制路径：曲线路径绘制					
钢笔工具绘制路径：开放路径绘制					
钢笔工具绘制路径：闭合路径绘制					
添加锚点、删除锚点运用					
使用转换点工具及其快捷键调整锚点和方向线					
使用直接选择工具及其快捷键调整锚点					
案例1制作					
案例2制作					
思考与练习					
自我总结在本节学习中遇到的知识、技能难点及是否解决					

3.2 路径的编辑

上一节介绍了如何运用钢笔工具组中的"转换锚点"、"添加锚点"、"删除锚点"工具，还介绍了"直接选择工具"调整锚点，这些都是对路径进行编辑的工具，可以对钢笔绘制的路径进行编辑。同时，路径的编辑方法还有许多种。根据不同的图形，需要运用不同的编辑方法，本节就要学习"橡皮擦"、"剪刀"、"美工刀"等编辑路径工具，以及学习执行路径的高级操作菜单命令。

1. 路径编辑工具

1）"橡皮擦"工具

"橡皮擦"工具 （Shift+E）：可抹除路径。

用法：

（1）抹除整个路径，直接在路径上擦除，直到全部抹除。

（2）抹除中间部分路径，将一个闭合的路径分割成两个独立的闭合路径，如图 3-39 所示。

（3）如果路径是开放的，则抹除中间部分的路径后，生成两个独立的开放路径，如图 3-40 所示。

（4）双击"橡皮擦工具"按钮，弹出"橡皮擦工具"对话框，修改橡皮擦尺寸。同时，按键盘上左边的中括号键"["可缩小橡皮擦画笔尺寸，按右边的中括号键"]"可放大橡皮擦画笔尺寸。

2）"剪刀"工具

"剪刀"工具 （C）：断开路径。

用法：在路径段和锚点上使用剪刀工具单击，即可将一条连续的路径断开。

3）"美工刀"工具

"美工刀"工具 ：用美工刀切割路径时，会分割成几个闭合路径。

用法：选择"美工刀"工具，直接在路径上划切，如图 3-41 所示。

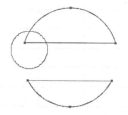  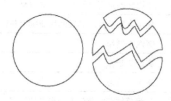

图 3-39　抹除部分闭合路径　　　图 3-40　抹除部分开放路径　　　图 3-41　美工刀切割成闭合路径

2. 路径的高级操作

（1）"对象/路径/连接"命令（Ctrl+J）：用直接选择工具选择两个开放路径的两个端点处的锚点，如图 3-42 所示。再执行"对象/路径/连接"命令，可在这两个端点间连成一条直线。两个开放的路径连成了一条开放的路径，如图 3-43 所示。

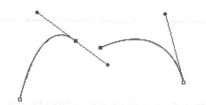 

图 3-42　选中两个锚点　　　　　　　图 3-43　连接锚点

（2）"对象/路径/平均"命令（Alt+Ctrl+J）：连接锚点。可以不针对端点的锚点，路径上任何锚点都可连接。

用法：

选中两个锚点，弹出"平均"对话框，如图 3-44 所示。其中有如下 3 个选项。

① 水平：将所选锚点置于同一水平线上。

② 垂直：将所选锚点置于同一垂直线上。

③ 两者兼有：将所选锚点相交于一点。

（3）"路径/轮廓化描边"命令：此命令可使路径的描边宽度形成一个闭合路径，如图 3-45 所示，并拆分开路径和填充内容。

图 3-44 "平均"对话框

图 3-45 执行"轮廓化描边"命令之前和之后

（4）"路径/偏移路径"命令：此命令用于形成比原路径外框大或者小的新路径，对路径进行扩展和收缩。

用法：

① 偏移：若在输入框内输入正值，则路径会向外按此值形成一个嵌套路径；若输入负值，则会向内形成一个嵌套路径。

② 接合：分为尖角、圆角和斜角。

③ 斜角限量：与笔画面板相同。

（5）"路径/添加锚点"命令：执行"路径/添加锚点"命令后，所选的路径中每两个锚点之间会添加一个锚点。

（6）"路径/分割下方对象"命令：上方的对象会将下方分割。

（7）清理：删除视图为预览模式时的游离点（不可见的多余锚点）、未上色对象（填充和描边都是透明色的、不可见的对象路径）及空白文字路径。

案例 3 百事可乐新标志临摹——路径的编辑运用

制作分析

（本案例仅供学习者熟悉相应的工具运用，并不一定是原标志的制作过程，只是对原标志的临摹。）

百事可乐新标志如图 3-46 所示。本案例运用了钢笔工具、路径编辑下的"分割下方路径"、"偏移路径"、"轮廓化描边"及"橡皮擦工具"等编辑路径的方法。

图 3-46 百事可乐新标志临摹

◎ 操作步骤

（1）新建宽 210mm、高 80mm 的文件，颜色模式为 CMYK。画同等大小的矩形并填充成蓝色（CMYK：100%，70%，0%，15%）作为背景。执行"对象/锁定/所选对象"（Ctrl+2）命令，将背景蓝色锁定。

（2）在画面左侧绘制正圆，并填充成白色，锁定对象（Ctrl+2），如图 3-47 所示。

（3）执行"对象/路径/偏移路径"命令，输入位移"-3"，得到向里内嵌的圆，填充成红色，如图 3-48 所示。

（4）用"钢笔工具"绘制开口笑图形，如图 3-49 所示，要保持与红色圆相交部分的、形状为笑的嘴巴，其余部分可不规则。

（5）执行"对象/路径/分割下方对象"命令，由于背景和白色的圆均被锁定，所以分割的对象仅是填充色为红色的圆，多余不规则部分自动去除。选中中间部分，按 Delete 键删除，并将下面的部分填充成蓝色，如图 3-50 所示。

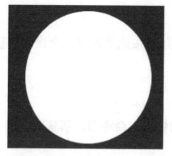

图 3-47　绘制正圆

图 3-48　执行"偏移路径"命令

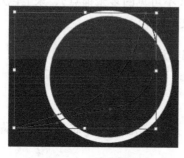

图 3-49　绘制圆形

图 3-50　执行"分割下方对象"命令

 提示

　　由于"对象/路径/分割下方对象"命令会将下方所有的对象都分割，所以图形中不需要分割的部分一定要先锁定。

（6）绘制文字部分。绘制一个圆形，描边为白色，粗细为 8pt，填充色为无色。复制两个圆形并列排放，如图 3-51 所示。

（7）在第一个和第三个圆下方绘制直线，描边粗细同样为 8pt，如图 3-52 所示。

（8）选中所有的圆和直线，执行"对象/路径/轮廓化描边"命令，将描边转化为形状，如

图 3-53 所示。

图 3-51 绘制圆

图 3-52 绘制直线

（9）使用形状生成器工具，将组成字母"P"的圆和直线合并成一个图形，如图 3-54 所示。

图 3-53 轮廓化描边

图 3-54 合并图形

（10）选择"橡皮擦工具"（Shift+E），将中间的圆擦掉一个缺口，如图 3-55 所示。

（11）在中间圆形的中心，在缺口上方紧贴着缺口处绘制一条波浪线，描边色为白色，描边粗细为 8pt，如图 3-56 所示。

图 3-55 "橡皮擦"擦出缺口

图 3-56 绘制波浪线

（12）执行"对象/路径/轮廓化描边"命令，将波浪线转化为图形。运用形状生成器工具将波浪与圆重合的部分合并，如图 3-57 所示。

（13）按住 Alt 键，将形状生成器的合并状态切换为删减状态，将多余部分删减，得到如图 3-58 所示的图形。

图 3-57 合并的部分

图 3-58 删减多余部分

（14）拖动出与"e"字母顶端及底部对齐的参考线各一条，使用"钢笔工具"，在辅助线范围内绘制"S"字母的曲线路径，并做适当调整，得到如图 3-59 所示图形。

（15）设置描边粗细为 8pt，并执行"对象/路径/轮廓化描边"命令，如图 3-60 所示。

（16）方法相同，绘制"i"字母，圆点用"椭圆形工具"画出，将字母组合在一起并对齐排列，如图 3-61 所示。

图 3-59　绘制曲线路径　　　图 3-60　轮廓化描边路径　　　　　图 3-61　对齐字母

（17）删除辅助线，将字母与图形组合起来，全部选中并群组，如图 3-62 所示。

图 3-62　组合字母与图形标志

（18）保存文件。

案例 4　花卉图案——路径的编辑运用

制作分析

制作如图 3-63 所示的花卉图案，使用"钢笔工具"绘制一条弧线，镜像复制后"连接路径"，将整条路径旋转复制一次并每两个连接成一条闭合路径，多次复制缩放，并填充相应颜色。

操作步骤

（1）在新建的 A4 文件绘图区域内拖动出一条参考线，并用"选择工具"选中该参考线，用"旋转工具"旋转复制角度为 60° 的另一条辅助线，按 Ctrl+D 组合键重复复制 4 条参考线，得到如图 3-64 所示的参考线。

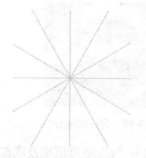

图 3-63　花卉图案　　　　　　　　图 3-64　辅助线

提示

参考线在拖动出后如果处于锁定状态，则查看"视图/参考线/锁定参考线"，查看是否已选中"锁定参考线"复选框，取消选中复选框，参考线则解锁，可执行移动、复制、旋转等命令。

（2）以参考线交点为圆心，绘制一个圆形并作为参考线使用。填充色为无色，描边为黑色，粗细为1pt。将所有参考线和圆框选起来，执行"对象/锁定/所选对象"命令，如图3-65所示。

（3）进入"视图/轮廓"模式（Ctrl+Y），从垂直参考线一端绘制一条终点在圆与左侧辅助线交点处的弧线，如图 3-66 所示，此时的路径将以非常精确的细线出现，便于调整对齐锚点。

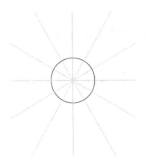

图3-65 锁定所有参考线

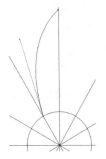

图3-66 在"视图模式"下绘制弧线

（4）使用"放大镜"工具将弧线与参考线交点处放大，查看锚点位置是否对齐参考线，如果有偏差，则需要运用"直接选择工具"进行调整，如图3-67所示。

（5）镜像复制弧线，如图3-68所示。

图3-67 调整锚点与辅助线对齐

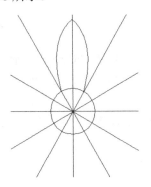

图3-68 镜像复制弧线

图3-69 重合锚点

（6）调整并使上部端点锚点与左边弧线上部的锚点重合，如图3-69所示。

（7）用"直接选择工具"框选两条弧线段端点处的两个相交的锚点，执行"对象/路径/连接"命令使锚点合并，将两条路径连接成一条路径。

提示

执行"对象/路径/连接"命令，仅对两个锚点产生作用，若多选了锚点，则会弹出如图 3-70 所示的提示对话框，提示仅能选择两个端点锚点。两个锚点重合后执行该命令，两个锚点将合并成一个锚点。

图 3-70　提示对话框

（8）选中连接好的路径，进行旋转复制，按住 Alt 键，将旋转中心点设在参考线中心交点处，旋转角度为 60°。按 Ctrl+D 组合键重复旋转复制，将花瓣一圈围好。

（9）继续用"放大镜工具"局部放大，用"直接选择工具"进行调整，将锚点对齐在参考线的交点处，绘制好花瓣，如图 3-71 所示。

（10）执行"对象/全部解锁"命令（Ctrl+Alt+2），将参考线及中间圆形全部解锁，并选中它们按 Delete 键删除。

（11）对两个花瓣路径相交处的两个锚点执行"对象/路径/连接"命令，将整个花瓣的路径合并为一个闭合的路径，如图 3-72 所示。

图 3-71　绘制花瓣

图 3-72　连接并闭合路径

（12）复制一个花形并粘贴在上方（Ctrl+C/Ctrl+F）。使用"选择工具"选中并拖动选择框一角，按 Alt+Shift 组合键以原有中心点为中心等比例缩放。重复此项操作，得到如图 3-73 所示的花卉图案线稿。

（13）执行"视图/预览"命令（Ctrl+Y），回到预览模式，将每层的花瓣填充不同的颜色，如图 3-74 所示。

（14）保存文件。

图 3-73　花卉图案线稿

图 3-74　填充颜色

思考与练习 ....

（1）运用钢笔工具及路径调整工具、命令绘制如下图标。

（2）运用钢笔工具及路径调整工具、路径菜单命令绘制如下所示的有裂纹的花瓶。

自我评价表

内容及技能要点	是否掌握		熟练程度		
	是	否	熟练	一般	不熟
"橡皮擦工具"运用：抹除路径					
"剪刀工具"运用：断开路径					
"美工刀工具"运用：分割几个闭合路径					
"钢笔工具"绘制路径：闭合路径绘制					
"对象/路径/连接"命令：连接路径					
"对象/路径/平均"命令：连接锚点					
"路径/轮廓化描边"命令					
"路径/分割下方对象"命令					
"路径/偏移路径"命令					
案例 3 制作					
案例 4 制作					
思考与练习					

续表

内容及技能要点	是否掌握		熟练程度		
	是	否	熟练	一般	不熟
自我总结在本节学习中遇到的知识、技能难点及是否解决					

3.3　铅笔工具与平滑工具

（1）铅笔工具 （N）："铅笔工具"可以绘制自由的不规则路径。

用法：选择"铅笔工具"，按住鼠标左键在绘图区自由绘制。在鼠标左键不松开的状态下按住 Alt 键，铅笔工具图标下方会出现一个代表闭合的圆圈，松开鼠标左键会自动闭合路径，如图 3-75 所示。

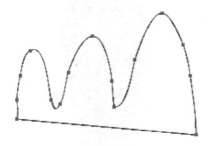

图 3-75　绘制自由闭合路径

（2）平滑工具 ：当路径出现尖角点时，选项可以用平滑工具进行平滑设置。

用法：双击"平滑工具"图标，将弹出"平滑工具选项"对话框，如图 3-76 所示。可设定平滑度和保真度以确定平滑的效果。选中需要平滑的路径，选择"平滑工具"，使鼠标指针滑过需要平滑的锚点，路径即可变得更加平滑。图 3-77 所示为平滑前和平滑后的路径。

图 3-76　"平滑工具选项"对话框

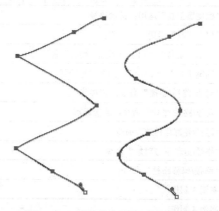

图 3-77　平滑前和平滑后的路径

案例5 ┃ 小树——铅笔工具和平滑工具的运用

●制作分析

图 3-78 中小树的绘制比较自由，树干的线条比较直，所以由钢笔工具绘制，树叶由铅笔工具自由绘制，显得更自然，平滑工具可以调整树叶部分的平滑度，使绘制更加自然。

图 3-78 小树

●操作步骤

（1）新建 A4 大小的文件。使用"钢笔工具"绘制树干，由于树干线条比较直，所以绘制时直接单击即可，不要拖动，如图 3-79 所示。

（2）给树干填充褐色，并用铅笔工具在树干上绘制树洞及树干的纹理，如图 3-80 所示。

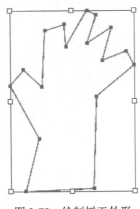

图 3-79 绘制树干外形

图 3-80 树干

提示

① 使用"铅笔工具"绘制不规则路径时，绘制好的路径锚点处于选中状态。当铅笔图标的下方有"×"时，可以进行下一条路径的绘制。当靠近绘制好的路径时，铅笔工具下方的"×"消失，再次绘制路径，新绘制的路径将代替先绘制好的路径，使先绘制好的路径消失。

② 如果不想让先绘制好的路径消失，则可在绘制好第一条路径后按住 Ctrl 键在空白处单击，取消路径锚点的选中状态，继续进行下一条路径的绘制。

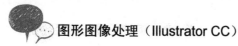
（3）选择"选择工具"，并按住 Shift 键逐个选中所有树干上的纹理路径。在"窗口"菜单中打开"画笔"面板，如图 3-81 所示，并选择"炭笔、羽毛"画笔，将树干上的纹理设置成炭笔绘制的效果，如图 3-82 所示。

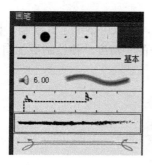

图 3-81　"画笔"面板

图 3-82　设定炭笔效果

（4）选择"铅笔工具"绘制一片树叶，绘制的过程中可按 Alt 键切换成"平滑工具"，调整树叶的平滑度，并填充颜色，如图 3-83 所示。

　提示

绘制闭合的叶子时不要一段一段的绘制，可以在接近终点时按 Alt 键，松开鼠标左键后会自动闭合路径。

（5）继续运用"铅笔工具"绘制树叶，并拼成如图 3-84 所示的一簇树叶。右击，调整树叶的层次位置，框选所有树叶并群组。

图 3-83　绘制树叶

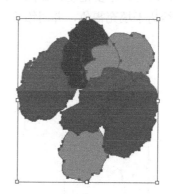

图 3-84　组合树叶

（6）复制几簇叶子，放置到合适位置，右击并"排列"层次，得到树的整体造型，如图 3-78 所示。

（7）保存文件。

　思考与练习

根据下列图形设计并绘制卡通插图。

自我评价表

内容及技能要点	是否掌握		熟练程度		
	是	否	熟练	一般	不熟
"铅笔工具"绘制路径					
在"画笔"面板中选择画笔					
平滑工具调整路径					
案例5制作					
思考与练习					
自我总结在本节学习中遇到的知识、技能难点及是否解决					

总结：

　　矢量图是由数学对象定义的直线和曲线构成的，最基本的单位是路径和锚点。钢笔工具是 Adobe Illustrator 最强大的绘制矢量图形的工具，可以绘制各种精确的图形。本章介绍了钢笔工具绘制路径的方法，介绍了路径调整工具、路径菜单命令。学习过本章后，学习者应掌握钢笔工具的基本用法，包括钢笔工具组中的"添加锚点"、"删除锚点"和"转换锚点"工具，能熟练运用快捷键对路径进行调整；掌握路径的编辑工具，能够运用路径编辑工具对路径进行剪切、抹除等操作，制作特殊的路径效果。

　　"铅笔工具"也是绘制路径的工具，铅笔工具可以比较随意地绘制路径，可设置铅笔的笔触，达到艺术效果。

图形的运算

　　图形的运算就是运用运算原理使图形之间通过加、减、交集等组合成新的图形。本章将讲解图形运算的基本规律和方法，学习完本章后，学习者能够掌握应运用"路径查找器"面板进行图形运算的方法，了解复合路径与路径查找器上的图形运算之间的区别，并制作出特殊的矢量图形效果。

4.1　图形的运算方法

　　在制作较复杂的图形时，需要将两个甚至多个图形进行相加、相减等操作，以获得更好的图形效果。这就需要对图形进行运算。

　　图形运算的浮动面板是"路径查找器"。在"窗口"菜单中打开"路径查找器"面板（快捷键 Shift+Ctrl+F9），在"路径查找器"面板中会看见两排图标，分别是"形状模式"和"路径查找器"。"形状模式"主要用于对图形进行修改，"路径查找器"针对的是路径，如图 4-1所示。

1. 形状模式

形状模式：对图形的形状进行运算。

（1）■联级：将多个独立的形状相加变成一个特殊形状。

（2）■减去顶层：后方图形与前方图形相交的部分被减去，同时前方图形透明化。

（3）■交集：图形相交的部分被保留，其余透明化。

（4）■差集：图形重叠部分自动去除，只保留重叠部分以外的形状。

（5）　扩展　：该按钮一般呈灰色不可单击状态。当按住 Alt 键并单击上列按钮运算时，图形发生变化，但路径依然保存，如图 4-2 所示。此时"扩展"按钮可单击，单击后路径消失。

图 4-1 "路径查找器"面板

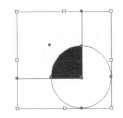

图 4-2 按住 Alt 键单击运算按钮

2．路径查找器模式

路径查找器模式：对图形的路径进行运算。

（1）分割：两个或多个图形的路径相交，被分割成独立小块。

（2）修边：后方图形与前方图形相交的部分图形和路径被减去，前方图形保持不变。

（3）合并：相交的图形路径合并。

（4）裁剪：前方图形与后方图形相交的部分图形和路径被保存，其余被去除。

（5）轮廓：将对象分割为其组件线段或边缘，单击此按钮后，图形自动转化为轮廓线段，且相交的部分被分割成独立线段。

（6）减去后方对象：前方图形中与后方图形相交的部分被减去，同时后方图形被去除。

提示

路径查找器运算路径后，除了"减去后方对象"不需要之外，其余的都要右击并"取消编组"。

两个模式的运用有相通的地方，一个图形可以用两个模式分别进行运算，得到的效果相同。

图 4-3 所示为一个方形和一个圆形相交后产生一个扇形的运算效果。下面分别运用这两种方法来绘制此图。

方法 1：运用形状工具绘制。

（1）绘制一个正方形和一个圆形，并使它们有部分重叠。

（2）同时选中两个图形，如图 4-4 所示。单击"路径查找器"面板上的"形状模式"中的"交集"按钮，两个图形相交以外的部分被去除，如图 4-5 所示。

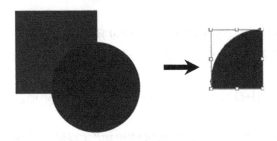
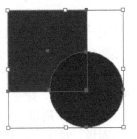

图 4-3 图形运算效果　　　　图 4-4 同时选中图形　　图 4-5 "交集"后的效果

方法 2：运用路径查找器绘制。

（1）方法同上，画一个正方形和一个圆形，并使它们有部分重叠。

（2）同时选中两个图形，并单击"路径查找器"中的"裁剪"按钮■。此时，后面的矩形连同路径都消失了，只剩下重叠的部分及圆的路径，如图 4-6 所示。

（3）右击并"取消编组"，如图 4-7 所示。删除多余的路径，即可得到相同的扇形。但得到的图形的颜色是根据置于下方的图形的颜色决定的，所以下方的正方形是红色的，扇形的颜色也是红色的。

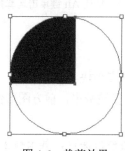

图 4-6　裁剪效果

图 4-7　取消编组

案例 1　齿轮状 UI 小图标设计制作——"与形状区域相加"及"排除重叠形状区域"工具运用

制作分析

这个齿轮的基本构成图形是一个大圆周围环绕一圈矩形，其中的小圆被挖空，如图 4-8 所示，所用工具应该有形状模式中的"与形状区域相加"（联级）按钮■和"排除重叠形状区域"（差集）按钮■。但由于运用了形状模式，所以加减后需要扩展，以排除路径。

图 4-8　齿轮图标

操作步骤

（1）新建一个 A4 大小的文件，并打开标尺（Ctrl+R），拖动出两条垂直交叉的辅助线，确定圆心位置。

（2）以辅助线交点为圆心画一个正圆（定圆心画正圆时按 Alt 和 Shift 键）。

（3）在正圆上方垂直位置画一个矩形，注意对齐垂直的辅助线，如图 4-9 所示。

（4）选择"旋转工具"，按 Alt 键并在圆心位置单击，弹出"旋转"对话框。输入旋转角度为 30°，并单击"复制"按钮，如图 4-10 所示。

（5）执行"对象/变换/再次变换图形"命令（Ctrl+D）。多次按 Ctrl+D 组合键，使矩形围绕圆形一圈，选中所有图形，如图 4-11 所示。

（6）打开"路径查找器"面板，单击"形状模式"中的"与形状区域相加"（联级）按钮■，得到如图 4-12 所示的图形。

（7）以同样的圆心画一个小圆，如图 4-13 所示，选中圆形和外齿轮形。

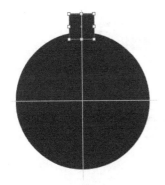

图 4-9　垂直对齐

图 4-10　"旋转"对话框

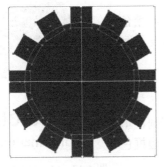

图 4-11　多次旋转复制

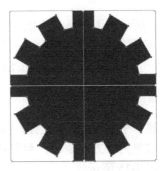

图 4-12　与形状区域相加

（8）单击"排除重叠形状区域"（差集）按钮并扩展，如图 4-14 所示，得到想要的图形，图形的颜色可以自由变换。

图 4-13　画同心圆

图 4-14　齿轮完成效果

 思考与练习

（1）运用"路径查找器"模式能否做出以上同样的效果？请尝试使用"路径查找器"模式制作相同的齿轮图标。

（2）利用图形的运算绘制如下图形。

案例 2 ‖ 标志设计制作——"分割"工具运用

⬤制作分析

图 4-15 所示的图形是一个圆被分割成不同的小块并填色而成，仔细观察即可看出，圆中被几条线分割，所以要用到"路径查找器"模式中的"分割"按钮🔳。

⬤操作步骤

（1）新建一个 A4 大小的文件，按 Shift 键画一个正圆，填充色任意，这里为了方便观察，可默认填充色为白色，边框色为黑色，如图 4-15 所示。

（2）用钢笔工具在圆上画出几条线（开放路径），填充色为无，线条为黑色，如图 4-17 所示。

MaxValels Lab
pharmaceutics

图 4-15　Max Valels Lab 标志设计

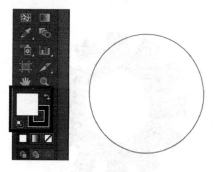

图 4-16　画正圆

图 4-17　画开放路径

✔提示

每画完一条线，按住 Ctrl 键并在空白处单击，即可结束一条开放路径的绘制，以便继续绘制下一条开放路径。

（3）用选择工具选中所有的圆和线，单击"路径查找器"面板中"路径查找器"模式中的"分割"按钮🔳，右击并取消编组。

（4）将上面和下面两块分割出来的部分选中，并按 Delete 键删除，如图 4-18 所示。

（5）用选择工具将分割的各个部分分别选中并填充不同的颜色。

（6）用选择工具框选整个图形，去掉边框色🔳。

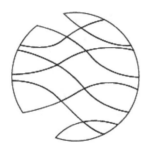

图 4-18 分割正圆

（7）在下方输入英文字母，选中所有图形和文字，右击并编组，如图 4-15 所示。

这里希望大家了解标志设计的配色原则：以同一色和类似色为主进行搭配，一般使用不超过 3 种颜色的对比色，如果颜色过多，则可以用大面积的同一色或类似色加小面积的对比色。例如，本案例所用的不同明度的蓝色即为同一色，这样看上去标志的色调更加协调。

 思考与练习

完成以下图形的制作，并用所学方法设计一个标志图形。

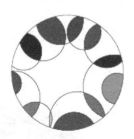  

案例 3 花的图案——"分割"、"与形状区域相交"工具运用

制作分析

图 4-19 所示的花卉图案与上一章中运用路径绘制的花卉有所不同，路径绘制好的是一个闭合的花瓣路径，而此案例的花瓣是圆形相交后，经过分割、填充不同的颜色制作出的，这里要结合"交集"按钮，以及旋转复制工具画出花瓣的效果。

操作步骤

（1）新建一个 A4 大小的文件，拖动出两条交叉的参考线。

（2）使用椭圆工具，以交叉点为圆心，按住 Alt 键单击交叉点并拖动，按住 Shift 键画一个正圆。

（3）使用选择工具，按住 Alt 键拖动画好的圆，水平复制一个圆，并移动到适当位置。

使两个圆相交的部分是一个花瓣，如图 4-20 所示。

图 4-19　花的图案

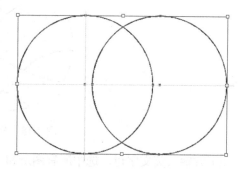

图 4-20　水平复制相同的圆

 提示

复制第二个圆时可按住 Shift 键保持水平移动。

（4）同时选中两个圆，单击"交集"按钮 并扩展，得到一个花瓣图形。

（5）将花瓣拖动到和垂直辅助线对齐的位置，并将下尖角放在辅助线相交的位置，如图 4-21 所示。

（6）选中花瓣，并选择旋转工具，按住 Alt 键，在辅助线交点处单击，弹出"旋转"对话框。具体方法第一个案例已经介绍过，输入角度为 30 度，复制。

（7）多次按 Ctrl+D 组合键，再次旋转复制将花瓣围绕一圈，共做出 12 个花瓣，如图 4-22 所示。

（8）同时选中所有花瓣，单击"分割"按钮 ，取消编组，选择其中被分割的小块并填充颜色，如图 4-23 所示。

图 4-21　花瓣形

图 4-22　旋转复制多个花瓣

图 4-23　图案完成图

 提示

上面案例所讲的标志设计颜色不宜过多，以类似色和同一色为主色调，图案设计也一样，所以可以一层一层地填充同样的颜色。用选择工具选取被分割的小图形时，要同时精确地选取多个，所以需要按住 Shift 键逐一单击图块以同时选取同一层的图块。

 思考与练习 ....

（1）运用图形的运算制作下列小闹钟图标。

（2）运用图形的运算制作下列彩色星星图标。

（3）结合钢笔工具，运用图形的运算制作下列彩色鱼图标。

自我评价表

内容及技能要点	是否掌握		熟练程度		
	是	否	熟练	一般	不熟
"路径查找器"面板运用：对图形的形状进行运算					
"路径查找器"面板运用：对图形的路径进行运算					
案例 1 制作					
案例 2 制作					
案例 3 制作					
思考与练习					

续表

内容及技能要点	是否掌握		熟练程度		
	是	否	熟练	一般	不熟
自我总结在本节学习中遇到的知识、技能难点及是否解决					

4.2 复合路径

复合路径是指两个独立的路径结合在一起，创建挖空的效果，与"路径查找器"面板中的图形运算不同，这个复合路径不会变成两个单独路径，除非经过"释放复合路径"将它们还原。而路径查找器上的"差集"模式会在中间被挖空后，形成两个单独的路径，只需取消编组即可，如图 4-25 和图 4-26 所示。

图 4-24 建立复合路径后

图 4-25 "差集"运算并解散群组后

方法：

（1）绘制两个图形，并填充不同的颜色，如图 4-26 所示。

（2）同时框选两个图形，执行"对象/复合路径/建立"命令（Ctrl+8），如图 4-27 所示。混合路径的颜色全都变为最底层的图形颜色。

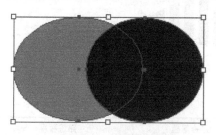

图 4-26 绘制图形

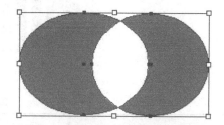

图 4-27 建立复合路径

（3）右击，在弹出的快捷菜单中执行"释放混合路径"命令，路径被释放成原来的两个独立路径，但颜色仍然是复合后的颜色，如图 4-28 所示。

（4）复合路径中的两个图形相互挖空，多个图形同时做复合路径时，只和最底层的第一个图形作用，如图 4-29 所示。

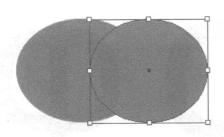

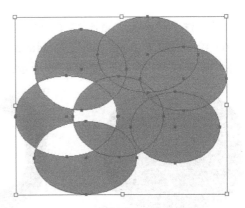

图 4-28 释放复合路径   图 4-29 多个图形建立复合路径

案例 4 | POP 风格文字"中国"——复合路径运用

制作分析

图 4-30 所示的"中国"的字体很特殊，不是用文字工具直接输入而得到的，而是用图形绘制的。"中国"中间都是挖空的效果，可以运用"建立复合路径"来实现挖空效果。

图 4-30 POP 风格文字"中国"

操作步骤

（1）新建 297mm×210mm 的文件。

（2）选择"圆角矩形工具"在绘画区单击，弹出"圆角矩形"对话框，设定宽度为41mm，高度为 30mm，圆角半径为 10mm，如图 4-31 所示。

（3）选中该图形，执行"对象/路径/偏移路径"命令，弹出"偏移路径"对话框，设定位移为 8mm，如图 4-32 所示。

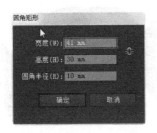

图 4-31 "圆角矩形"对话框   图 4-32 "偏移路径"对话框

（4）偏移路径，并同时选中两个图形，如图 4-33 所示。

（5）执行"对象/复合路径/建立"命令（Ctrl+8），得到一个挖空的图形，如图4-34所示。

（6）绘制宽度为8mm、高度为54mm、圆角半径为10mm的圆角矩形。放置在挖空的圆角矩形中间形成"中"字，如图4-35所示。

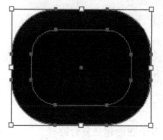　　　　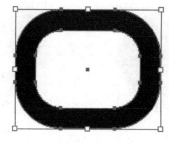　　　　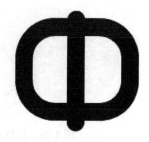

图4-33　偏移路径　　　　　　图4-34　建立复合路径　　　　　图4-35　"中"字

（7）再绘制一个宽度为40mm、高度为36mm、圆角半径为10mm的圆角矩形。

（8）同样，选中该图形，执行"对象/路径/偏移路径"命令，设定偏移为8mm。

（9）同时选中偏移后的图形和原图形，执行"对象/复合路径/建立"命令（Ctrl+8），如图4-36所示。

（10）重新选择"圆角矩形工具"，在绘图区单击，并在弹出的"圆角矩形"对话框中设定参数，如图4-37所示，绘制一个圆角矩形。

（11）复制两个圆角矩形，如图4-38所示。

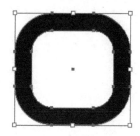　　　　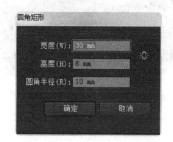　　　　

图4-36　建立复合路径　　　　图4-37　圆角矩形参数设定　　　　图4-38　复制圆角矩形

（12）绘制宽度8mm、高度30mm、圆角半径10mm的圆角矩形，以及宽度8mm、高度10mm、圆角半径10mm的圆角矩形，拼成"国"字，如图4-39所示。

（13）打开"复合路径素材/手势.ai"文件，将手势图选中并拖动到"国"字右下角。按住Shift键拖动选择框的角，等比例调整大小，如图4-40所示。

图4-39　"国"字　　　　　　　　　图4-40　加入手势图

（14）使用"钢笔工具"绘制不规则外框，并填充蓝色，如图4-41所示，得到POP效果文字。

图 4-41　加外框

（15）保存文件。

案例 5　有层次感的图标制作——复合路径运用

图 4-42　有层次感的图标

制作分析

图 4-42 所示图标有 3 个层次，其中，最上面的花形图案是挖空的效果，露出下一层的渐变色，所以需要花形和上面的圆角矩形做复合路径；最后一层的立体效果是通过对描边色的渐变调整而得来的。

操作步骤

（1）新建宽 120mm、高 120mm 的文件。

（2）绘制圆角矩形，宽 60mm、高 60mm、圆角半径 10mm。

（3）根据图 4-43 设定渐变填充，效果如图 4-44 所示。

图 4-43　设定渐变色

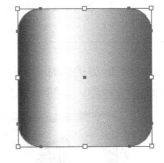

图 4-44　渐变效果

（4）绘制宽 68mm、高 68mm、圆角半径 10mm 的圆角矩形。按照图 4-45 设定渐变色填充。

（5）按图 4-46 设定描边色为渐变，按图 4-47 设定渐变颜色。

（6）打开"描边"面板，设定描边为 5pt，如图 4-48 所示，右击，执行"排列/置于底层"命令（Shift+Ctrl+[）。

（7）同时选中两个圆角矩形，按 Shift+F7 组合键打开"对齐"面板，设置为水平居中对齐![图标]和垂直居中对齐![图标]，将两个图形居中对齐，如图 4-49 所示。

图 4-45 设定渐变色

图 4-46 描边色渐变

图 4-47 设定描边色的渐变效果

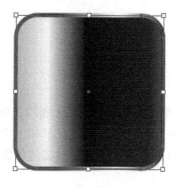
图 4-48 描边效果

图 4-49 居中对齐

（8）使用"钢笔工具"和"椭圆形工具"绘制树叶形状和圆形，并群组成一个图案，如图 4-50 所示，放置在图形最上方（Shift+Ctrl+]）。

 提示

制作复合路径，两个图形重复的部分将会被挖空，所以树叶图案的颜色可以任意。这里将其设定为黑色，以便于观察。

（9）按住 Shift 键的同时点选树叶图案和上方的圆角矩形，执行"对象/复合路径/建立"命令，将图案部分挖空，如图 4-51 所示，露出下方的渐变效果。

图 4-50 绘制图案

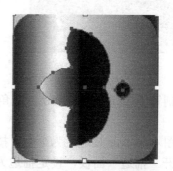
图 4-51 建立复合路径

至此，最终效果制作完成。

（10）保存文件。

 **思考与练习**

参考下图，绘制 POP 风格的文字。

自我评价表

内容及技能要点	是否掌握		熟练程度		
	是	否	熟练	一般	不熟
复合路径建立					
复合路径释放					
多个复合路径建立					
案例 4 制作					
案例 5 制作					
思考与练习					
自我总结在本节学习中遇到的知识、技能难点及是否解决					

总结：

　　本章主要介绍了"路径查找器"面板中的几个常用按钮及复合路径的效果，通过案例讲解，帮助读者了解并掌握图形的运算方法和路径查找器的应用，掌握简单的复合路径的建立。"路径查找器"面板在设计制作中用处非常广，特别是标志设计、字体设计及 UI 小图标设计等。复合路径多用在复杂的图形中，特别是文字图形中。希望读者在学习案例时能够举一反三，独立完成思考与练习题。

第 5 章

渐变网格与混合工具应用

图形的渐变效果有两种：一种是色彩的渐变，另一种是形状的渐变。色彩的渐变不仅可以运用渐变填充工具完成，还可以用渐变网格进行处理。图形的形状和颜色渐变，还可以通过混合工具进行设置。本章通过渐变网格工具及混合工具的用法，使学习者了解渐变效果的多样性。通过学习，学习者应该掌握渐变网格工具绘制机理、材质等效果的方法，掌握使用混合工具对图形的形状和色彩进行渐变的方法。

5.1　渐变网格

Adobe Illustrator 软件不仅可以绘制平面效果的图形，还可以绘制立体效果或者有质感表现的图形，如布面、花瓣、玻璃等，这些效果需要运用到渐变网格填充对象。对图形对象添加渐变网格可以通过网格中的不同网格点来设定每一小部分的颜色，也可以拉伸、调整网格点的节柄来控制颜色渐变，使画面达到逼真的效果。

1. 将渐变填充对象扩展为渐变网络

将渐变填充对象扩展为渐变网格，使用不同的工具编辑网格锚点和颜色。

方法：

（1）绘制圆形，填充渐变色，如图 5-1 所示。

（2）执行"对象/扩展"命令，在弹出的对话框中选中"渐变网格"单选按钮，如图 5-2 所示，将对象转换成渐变网格对象。

（3）选择"渐变网格"工具 ▦ （光标经过对象时变成 ▦）在对象上单击，如图 5-3 所示，出现横竖交错的网格。

（4）可以使用"渐变网格工具"在已经出现的网格线上单击，添加网格线；也可以使用"直接选择工具"选中两条线的相交点即网格点；通过"拾色器"对话框或者"色板"面板、

"颜色"面板编辑颜色，如图5-4所示。

图 5-1　填充渐变色

图 5-2　"扩展"对话框

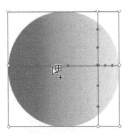
图 5-3　添加渐变网格

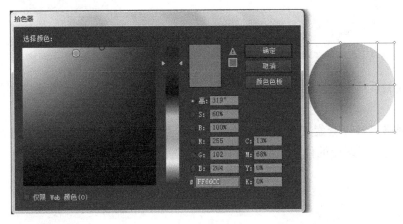
图 5-4　设置颜色

2．对填充颜色的图形对象进行渐变网格编辑

方法：

（1）绘制圆形，填充颜色，如图5-5所示。

（2）选择"渐变网格工具"在圆形对象上单击，出现一对交叉的网格线，如图5-6所示。

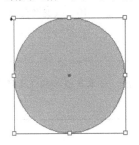
图 5-5　填充颜色

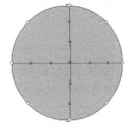
图 5-6　添加一对渐变网格线

（3）继续单击，将会出现其他垂直相交的网格线，如图5-7所示。

如果在已有的网格线上单击，如在横向的网格线上单击则会出现一条竖的网格线，同样，在竖的网格线上单击则会出现一条横线，在图形对象上其余位置单击则出现的是两条垂直交叉的网格线。

（4）选择"套索工具" ，套选网格上的多个网格点，将网格点选中，如图5-8所示。

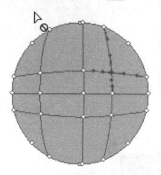

图5-7　添加渐变网格线

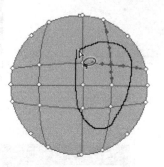

图5-8　选中网格点

（5）通过工具箱中的拾色器或者"色板"面板、"颜色"面板，改变选中部分的颜色，如图5-9所示。

（6）在网格点被"套索工具"选中的情况下，可以用"直接选择工具"进行拖动并改变位置，从而改变色彩渐变的位置，如图5-10所示。

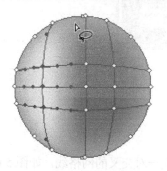

图5-9　改变网格点的颜色

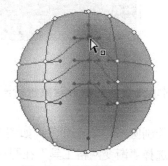

图5-10　改变网格点位置

任何由路径组成的物体或位图都可生成渐变网格。但复合路径、文本及链接的像素图形不能生成渐变网格。此外，物体一旦转换为网格，就无法变回原来的物体。

案例1 ‖ 鸡蛋——"渐变网格工具"运用

制作分析

鸡蛋是比较圆滑、有规律的物体，如图5-11所示，所以绘制起来相对简单，对初学者来说可以相对简单地了解和掌握渐变网格工具的基本用法。

操作步骤

（1）新建 A4 大小文件。使用"椭圆形工具"绘制鸡蛋形状，并填充颜色值为 CMYK（5%，55%，55%，0%）的颜色，如图 5-12 所示。

（2）选择"渐变网格工具"在椭圆左上方单击，出现横竖交叉的两条渐变网格线。选中网格点，并将该处的颜色设置为 CMYK（9，70，64，0），绘制出高光，如图 5-13 所示。

（3）使用"渐变网格工具"在椭圆右上横的渐变网格线上单击，出现一条竖的网格线，将相交的网格点选中，填充成 CMYK（9，70，64，0），绘制出暗部，如图 5-14 所示。

图 5-11 鸡蛋

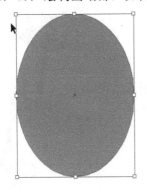

图 5-12 绘制鸡蛋外形

图 5-13 添加渐变网格并绘制高光

（4）在右下角添加网格线，如图 5-15 所示，将该处颜色填充为稍淡一点的颜色，即 CMYK（5，18，12，0），绘制出反光。

图 5-14 暗部绘制

图 5-15 绘制反光

（5）选择椭圆形工具绘制一个小一些的椭圆，并填充为黑到白的渐变色，放置在鸡蛋下方，如图 5-16 所示。

（6）选中该黑白渐变的椭圆并右击，弹出如图 5-16 所示的快捷菜单，执行"排列/置于底层"命令，得到如图 5-11 所示的效果图。

图 5-16　绘制阴影

（7）保存文件。

案例 2 ▌荷花——"渐变网格工具"运用

🔵 制作分析

图 5-17 所示的荷花运用了"钢笔工具"和"渐变网格工具"，使其绘制一片荷花瓣，并复制调整，将荷花瓣组合成荷花。荷花的外形不规则，在绘制的时候可以随意一些。

🔵 操作步骤

（1）新建 A4 大小的文件。

（2）选择"钢笔工具"绘制一个荷花瓣的形状，并填充成粉色，参考颜色为 CMYK（6%，71%，12%，0%），如图 5-18 所示。

图 5-17　荷花

（3）使用"渐变网格工具"在花瓣左上方添加网格，并填充较深的粉红色，参考颜色值为 CMYK（23%，94%，38%，0%），如图 5-19（a）所示。

（a）较深的粉红色　　　（b）较淡的粉红色　　　（c）渐变色彩效果

图 5-18　花瓣形状

图 5-19　添加网格

（4）在右上方继续添加渐变网格，填充较淡的粉红色，参考颜色值 CMYK（7%，54%，4%，0%），如图 5-19（b）所示。

（5）用"直接选择工具"按住 Shift 键选中下方的 3 个网格点，或者运用"套索工具"套选下方的 4 个网格点，填充成白色，做出花瓣的渐变色彩效果，如图 5-19（c）所示。

（6）方法相同，再绘制一片花瓣，并添加渐变网格，中间颜色较淡，上面颜色较深（颜色值可参照上一片花瓣的颜色值），如图 5-20 所示。

图 5-20　花瓣绘制

（7）选中新绘制的花瓣并右击，执行"排列/后移一层"命令（Ctrl+[），将该花瓣置于后面，如图 5-21 所示。

（8）镜像复制一个花瓣放在右侧，并调整顺序，如图 5-22 所示。

（9）运用"直接选择工具"选中花瓣左上方的几个网格点并同时向上拖动，将花瓣拉长，选中右侧的锚点并将花瓣向里拉，以调整花瓣形状，如图 5-23 所示。

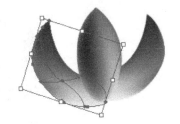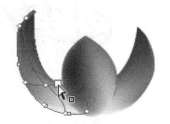

图 5-21　调整顺序　　　　图 5-22　镜像复制花瓣　　　　图 5-23　调整花瓣形状

（10）复制中间花瓣，并将上面 3 个锚点选中，填充颜色为淡粉色，参考颜色值为CMYK（3%，42%，4%，0%）。将中间及下方 3 个锚点选中，颜色设为白色，并复制几个备用，如图 5-24（a）所示。

（11）镜像复制花瓣，并用"直接选择工具"进行调整，得到如图 5-24（b）所示的花瓣形状。

（12）复制并调整花瓣形状，按照一定形状组合，如图 5-25 所示。

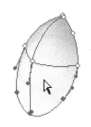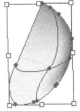

（a）复制调整花瓣　　　　（b）调整花瓣

图 5-24　复制并调整花瓣　　　　　　图 5-25　复制并调整组合花瓣

（13）继续复制调整花瓣并右击，执行"排列"命令，按照相应顺序排列花瓣的层次，得到如图 5-26 所示的图形。

提示————————————————————

使用"排列"命令调整层次顺序时，可按住快捷键多次调整。图 5-27 所示为"排列"子菜单，命令项后是该项操作对应的快捷键。

图 5-26　调整花瓣层次

置于顶层(F)	Shift+Ctrl+]
前移一层(O)	Ctrl+]
后移一层(B)	Ctrl+[
置于底层(A)	Shift+Ctrl+[

图 5-27　　"排列"子菜单

——

（14）运用"铅笔工具"绘制一个莲蓬，将线条设置为黑色的炭笔线条，如图 5-28 所示。

（15）将莲蓬放置于荷花中间，并通过"排列"子菜单调整层次顺序，如图 5-29 所示。

图 5-28　莲蓬绘制

图 5-29　将莲蓬放入荷花中

（16）使用"铅笔工具"绘制一条线，线条描边粗细为 3pt，设置画笔为炭笔，放在荷花下方作为花茎，如图 5-30 所示。

（17）使用"铅笔工具"绘制荷叶外形，并用平滑工具对外形进行平滑设置，得到如图 5-31 所示的图形。

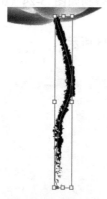

图 5-30　花茎绘制

图 5-31　使用铅笔工具绘制荷叶

（18）复制一个荷叶备份，将其中一个荷叶的描边画笔设为黑色炭笔，填充色为无，如图 5-32 所示。

（19）将另一个荷叶填充成绿色，参考颜色值为 CMYK（78%，44%，100%，5%），添加渐变网格，并用"套索工具"选中最外面一圈的网格点，设置颜色为淡绿色，参考颜色值为 CMYK（21%，0%，27%，0%），如图 5-33 所示。

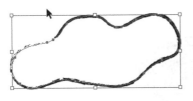

图 5-32　荷叶描边　　　　　　　　　　图 5-33　添加渐变网格线

提示

当添加的网格点多余需删除时，按住 Alt 键，单击网格点即可删除网格点。

（20）选择中心的锚点，将颜色改为深绿色，参考颜色值为 CMYK（84%，57%，100%，30%），并设置中心四周的锚点颜色为淡绿色，参考颜色值为 CMYK（63%，8%，83%，0%），如图 5-34 所示。

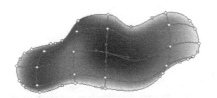

图 5-34　设置荷叶渐变颜色

（21）组合荷叶的描边和叶面，并在荷叶上方用"铅笔工具"绘制叶子脉络，描边粗细为 3pt，画笔为炭笔。

（22）复制荷叶并运用"直接选择工具"调整荷叶形状和渐变网格，得到如图 5-35 所示的荷叶。

（23）将荷叶放置到花茎上，并复制一个花瓣作为花苞，绘制并调整花茎，调整层次顺序，完成荷花整体图，如图 5-36 所示。

图 5-35　复制调整荷叶　　　　　　　　图 5-36　荷花完成图

思考与练习

（1）绘制如下的立体树叶。

（2）绘制如下的逼真水蜜桃。

自我评价表

内容及技能要点	是否掌握		熟练程度		
	是	否	熟练	一般	不熟
"渐变网格工具"运用：添加网格线					
"套索工具"运用：调整网格锚点					
网格渐变颜色填充					
案例 1 制作					
案例 2 制作					
思考与练习					
自我总结在本节学习中遇到的知识、技能难点及是否解决					

5.2 混合

混合可在多个图形对象间产生一系列颜色和形状的渐变，可以得到平滑的混合，也可以通过指定的步数设定逐渐变形、变色的步骤。混合的路径默认状态为直线路径，不会发生弯

曲，但可以通过钢笔工具组及"直接选择工具"对混合路径进行调整，改变混合的路径。

1. 执行"对象/混合"命令

方法：

（1）绘制两个形状、颜色各不相同的图形，中间间隔一定距离，并同时选中，如图 5-37 所示。

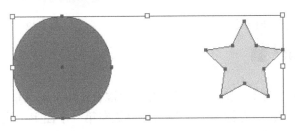

图 5-37 两个颜色形状各不相同的图形

（2）执行"对象/混合/混合选项"命令，弹出"混合选项"对话框，如图 5-38 所示。

（3）"间距"下拉列表中有 3 个选项：平滑颜色、指定的步数、指定的距离，如图 5-39 所示。

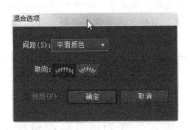

图 5-38 "混合选项"对话框   图 5-39 "间距"下拉列表

① 平滑颜色：图形、颜色均匀平滑的过渡渐变。选择该选项，执行"对象/混合/建立"命令，得到如图 5-40 所示的效果。

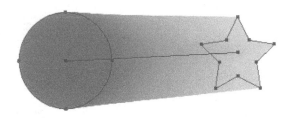

图 5-40 平滑混合

② 指定的步数：选择该选项可以设定混合的步数，即中间经过几步可从一个图形渐变成另一个图形。例如，设定指定的步数为"8"，执行"对象/混合/建立"命令可得到如图 5-41 所示的效果。步数越多，混合越平滑。

③ 指定的距离：根据设定的距离计算渐变的步数。例如，将指定的距离设为 20mm，执行"对象/混合/建立"命令，得到如图 5-42 所示的效果。设定的距离越小，混合的越平滑。根据文件大小及原本两个图形放置的位置不同，计算的效果也会不同。

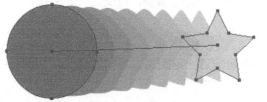
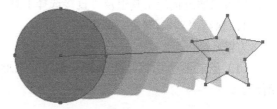

图 5-41　指定的步数　　　　　　　　　　　　图 5-42　指定的距离

2. 运用"混合工具"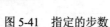

方法：

（1）绘制两个图形，双击"混合工具"，弹出"混合选项"对话框，设定间距。

（2）选择"混合工具"，光标为 ，当光标放置在第一个图形上变成 ×时单击。光标移动到第二个图形下方变成 +时，再次单击，两个图形即可混合。效果等同于执行"对象/混合/建立"命令。

提示

不设定"混合选项"间距，直接运用"混合工具"进行混合渐变时，若是第一次使用 Illustrator，则通常情况下混合效果为默认的平滑颜色。若使用过"混合选项"设定间距，以后也没有改变，则后面的所有混合都是第一次设定好的效果。

3. 改变混合后的路径方向和图形颜色

方法：

（1）使用"选择工具" 双击混合图形，"隔离模式"变为可单独编辑状态，使用"选择工具"选中左边图形并移动，单击色板中的颜色块以改变颜色，如图 5-43 和图 5-44 所示。

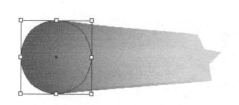
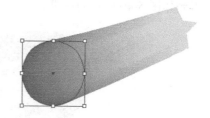

图 5-43　移动前　　　　　　　　　　　　　　图 5-44　移动后

（2）如果在可编辑状态中继续绘制图形，则自动生成混合，如图 5-45 所示。

（3）使用"选择工具"在空白处双击，取消"隔离模式"，继续绘制的图形将不会与原混合有联系，如图 5-46 所示。

提示

在"隔离模式"下可单独选中开始和结束的图形，同时可选中路径。在不可编辑状态下只能选中整个混合过的图形。同时，可编辑的状态下选中已经混合过的图形，可设定其混合选项，也可修改混合选项。

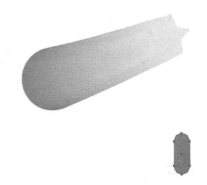

图 5-45　在可编辑状态下继续绘制图形　　　　图 5-46　取消可编辑状态并继续绘制图形

4．使用钢笔工具组改变直线路径为曲线路径

方法：

（1）使用"选择工具"双击混合图形，进入"隔离模式"的可单独编辑状态，选中路径，如图 5-47 所示。

（2）当将"钢笔工具"放在左边图形中心的锚点上，光标变为 时单击，可以该锚点为连接点，绘制下一段路径，此时左边的图形会跟随路径进行移动，如图 5-48 所示。

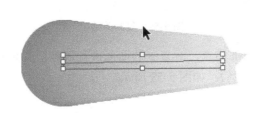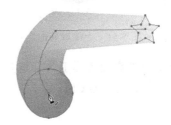

图 5-47　选中路径　　　　　　　　　　图 5-48　绘制混合路径

提示

　　该混合图形在绘制时，先绘制左边的圆形，后绘制右边的星形，默认状态是从左向右混合，所以钢笔工具从左边开始入手绘制下一段路径，若"钢笔工具"单击右边星形中心的锚点，则星形和圆形的位置会对换，下一段路径还是以圆形上的锚点为起点，如图 5-49 所示。即使使用"混合工具"从右向左混合，钢笔工具绘制下一段路径时还是以第一个绘制的图形为起点。

图 5-49　图形互换

案例 3　烈焰红唇——"混合工具"运用

制作分析

图 5-50 所示的嘴唇的立体效果是通过混合完成的，不规则图形由深色到浅色的渐变效果

是渐变工具无法完成的。

图 5-50　烈焰红唇

操作步骤

（1）新建 A4 大小的文件。用"钢笔工具"在绘图区域绘制一个上嘴唇形状的图形，并填充桃红色，参考颜色值为 CMYK（15%，94%，45%，0%），如图 5-51 所示。

（2）执行"编辑/复制"命令和"编辑/贴在前面"命令，原位复制一个嘴唇形状并缩小，如图 5-52 所示。

图 5-51　上嘴唇外形

图 5-52　复制并缩小

（3）使用"直接选择工具"选择上方图形的局部锚点，对复制的图形进行调整，并填充淡粉色，参考颜色值为 CMYK（7%，77%，18%，0%），如图 5-53 所示。

 提示

当使用"直接选择工具"框选锚点时，会不小心将下方的图形选中，在这种情况下，可以暂时锁定下方的图形，执行"对象/锁定/所选对象"命令（Ctrl+2），待上方图形调整完成后，再将下方图形解锁，执行"对象/全部解锁"命令（Ctrl+Alt+2）。

（4）执行"对象/混合/混合选项"命令，设定混合选项为"平滑颜色"，选择"平滑工具"在桃红色区域上单击，再单击粉红色区域，产生混合效果，如图 5-54 所示。

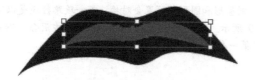

图 5-53　调整局部

图 5-54　混合效果

（5）若产生的效果不理想，则可以通过双击混合图形切换为"隔离模式"，并用钢笔、直接选择等工具对局部进行修改和调整，如图 5-55 所示。

（6）使用"钢笔工具"绘制高光点，如图 5-56 所示。

（7）方法同上，绘制下嘴唇，如图 5-57 所示。

（8）将两片嘴唇组织好并放到合适位置，得到最终效果，如图 5-58 所示。

图 5-55 调整混合后的图形

图 5-56 绘制高光

图 5-57 绘制下嘴唇

图 5-58 完成图形

（9）保存文件。

案例 4 炫彩文字"DEAR"——"混合工具"混用

制作分析

图 5-59 所示的炫彩文字是运用"混合工具"，结合"剪刀工具"、"路径查找器"面板等共同完成的。字体设计以圆形为基本元素，对圆形进行分割设计。为了图形的统一性，字母"e"的设计为小写，其余字母为大写。

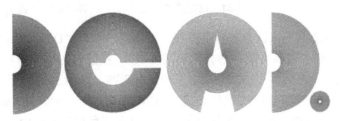

图 5-59 炫彩文字"DEAR"

操作步骤

（1）新建宽为 210mm、高为 150mm 的文件，选择"椭圆形工具"在绘图区单击，在弹出的"椭圆"对话框中设定宽度和高度均为 57mm，绘制出直径为 57mm 的正圆。去除填充色，描边色为黑色，描边粗细默认为 1pt，如图 5-60 所示。

（2）绘制一个宽度和高度均为 11mm 的小圆，并将填充色去掉，设定描边色为黑色，描边粗细为 1pt。同时框选两个圆，打开"对齐"面板，单击"水平居中对齐"按钮和"垂直居中对齐"按钮，如图 5-61 所示。

（3）同时选中两个圆，按住 Alt 键拖动 3 次，复制备份 3 个。

（4）使用"剪刀工具"分别在两个圆的上方和下方锚点处（红色圈标注的位置）单击，将两个圆分别分成左右两个部分，如图 5-62 所示。

（5）删除左侧部分，得到两个弧形，如图 5-63 所示。

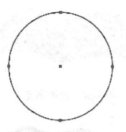

图 5-60　绘制大圆

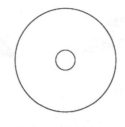

图 5-61　绘制小圆

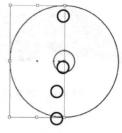

图 5-62　剪断

（6）选中右边弧形，双击工具箱下方的描边颜色，在"拾色器"对话框中设定颜色为CMYK（70%，15%，0%，0%），即蓝色，并在"色板"面板中单击"新建色板"按钮，将该颜色存储在"色板"面板中。

（7）选中左边的小弧线，设定颜色为 CMYK（75%，100%，0%，0%），即紫色，如图 5-64 所示。

（8）双击"混合工具"，设定"间距"为"指定的步数"，步数为 30，如图 5-65 所示。

图 5-63　删除左边

图 5-64　设定弧线颜色

图 5-65　"混合选项"对话框

（9）使用"混合工具"依次单击两个弧线，得到艺术字母"D"，如图 5-66 所示。

（10）选择备份的大圆和小圆，选择"剪刀工具"，按照红色圆圈所标注的位置，分别单击左边和右边的锚点，将大圆和小圆分成上下两部分弧线，如图 5-67 所示。

（11）分别将内外两部分弧线颜色设定为 CMYK（0%，90%，85%，0%），即橙色，CMYK（50%，0%，100%，0%），即黄绿色，并存储在"色板"面板中，如图 5-68 所示。

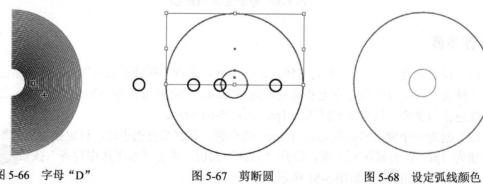

图 5-66　字母"D"　　　　　　图 5-67　剪断圆　　　　　　图 5-68　设定弧线颜色

（12）选择"混合工具"，依次单击上半部分中一大一小两个弧线，将上半部分弧线混合，如图 5-69 所示。

（13）执行"对象/锁定/所选对象"命令，锁定上半部分混合图形。

（14）混合下半部分弧线，如图 5-70 所示。

提示

这里，分割的上半部分和下半部分要分别进行混合。上半部分弧线混合好后，按 Ctrl 键切换为"选择工具"，在空白处单击，结束上一混合过程，再执行下半部分的混合，否则混合工具会默认继续混合，将上下两部分混合到一起。

（15）执行"对象/扩展"命令，弹出"扩展"对话框，如图 5-71 所示，选中"对象"、"填充"、"描边" 3 个复选框，将混合图形扩展成独立的组合图形，如图 5-72 所示。

图 5-69 混合上半部分弧线

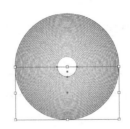

图 5-70 混合下半部分弧线

图 5-71 "扩展"对话框

图 5-72 第一次"扩展"后局部放大效果

（16）此时的弧线还是以线条描边的形式出现的，不能进行图形运算，需要再执行一次"扩展"命令，将描边转化成图形，如图 5-73 所示。

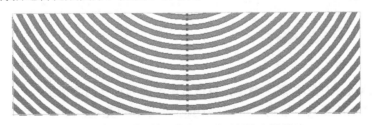

图 5-73 第二次"扩展"后局部放大效果

（17）绘制矩形，填充色和描边色均为无，放置在右侧，如图 5-74 所示。

提示

图形与图形组进行"运算"时要将描边色和填充色去掉，否则运算后不必要的填充色和描边色会存在于图形之间，难以删除。

图形图像处理（Illustrator CC）

（18）同时框选矩形和下半部分混合的图形，打开"路径查找器"面板（Ctrl+Shift+F9），单击"分割"按钮。

（19）在分割后的图形上右击，弹出快捷菜单，执行"取消编组"命令，仔细框选被分割的部分，删除矩形框选的部分，如图5-75和图5-76所示。

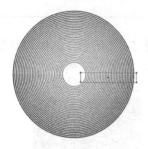 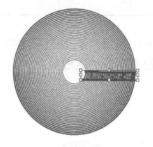 

图5-74　绘制矩形　　　　图5-75　框选被分割部分　　　　图5-76　删除被分割部分

提示

使用"选择工具"框选时，可将画面放大到合适位置，以便于框选。由于上方的混合弧线已经被锁定，因此框选时上面可以适当放宽一些。

（20）框选下方的部分弧线，将多余的弧线删除，全部解锁（Ctrl+Alt+2）。框选上下两部分的图形，群组（Ctrl+G），得到字母"e"，如图5-77所示。

（21）选择另外一个备份的大圆和小圆组合，选中大圆，在"色板"面板中单击存储过的颜色黄绿色。选中小圆，在"色板"中单击存储过的颜色橙色。使用"混合工具"进行混合，如图5-78所示。

 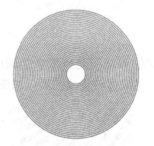

图5-77　字母"e"　　　　　　　图5-78　混合两个圆

（22）执行两次"对象/扩展"命令，将混合图形变为独立的图形组合。

（23）使用"钢笔工具"绘制三角形，去掉描边色和填充色，如图5-79所示。

（24）同时框选圆和三角形，打开"路径查找器"面板（Ctrl+Shift+F9），单击"分割"按钮，右击并"取消编组"。

（25）仔细框选分割出来的三角形区域，删除该部分的线条图形，得到字母"A"，并群组该图形（Ctrl+G），如图5-80和图5-81所示。

（26）复制字母"D"并放置在最后面，双击切换到可编辑状态，使用"选择工具"选中右侧大弧线，单击"色板"面板中存储过的颜色橙色，选中左侧小弧线，单击"色板"面板中存储过的颜色蓝色对混合图形的颜色进行调整，如图5-82所示。

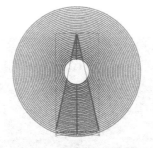

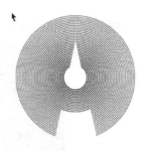

图 5-79　绘制三角形　　　　图 5-80　框选分割区域　　　　图 5-81　删除分割区域

（27）选择最后一个备份的大圆小圆组合，将大圆描边颜色设定成 CMYK（0%，90%，85%，0%），小圆描边色设定成 CMYK（70%，15%，0%，0%），使用"混合工具"进行混合，并缩小放置在右下方，其和上一图形组成字母"R"，将两个图形群组（Ctrl+G），如图 5-83 所示。

（28）将所有的图形排列组合到同一水平线上，完成最终效果图，如图 5-84 所示。

图 5-82　调整颜色　　　图 5-83　字母"R"　　　　　　　图 5-84　组合字母

（29）保存文件。

思考与练习

（1）运用"混合工具"绘制下列的花卉图案。

（2）绘制如下梦幻壁纸。

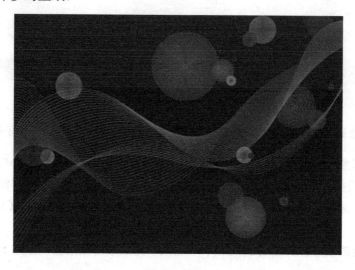

自我评价表

内容及技能要点	是否掌握		熟练程度		
	是	否	熟练	一般	不熟
运用"对象/混合"命令进行图形混合					
混合选项设定：指定步数的混合					
混合选项设定：平滑颜色混合					
混合选项设定：指定距离的混合					
混合工具运用					
使用"选择工具"改变混合后的路径方向和图形颜色					
使用"钢笔工具"改变混合后的路径方向					
案例 3 制作					
案例 4 制作					
思考与练习					
自我总结在本节学习中遇到的知识、技能难点及是否解决					

总结：

　　本章学习了有关渐变的一些技巧。"渐变网格工具"可以绘制出逼真的三维视图，插画家和广告人往往运用"渐变网格工具"制作各种特效并运用到图像的合成中。混合工具可指定步数进行渐变，不仅可以渐变颜色，还可以渐变形状。通过本章的讲解，学习者应该了解并掌握"渐变网格工具"中添加网格节点和设定颜色的方法，能够绘制较简单的三维、艺术效果的图形。同时，在学习了"混合"运用后，学习者应该能够掌握"混合工具"及"混合命令"的各种设定技巧，能根据需要设定混合效果。

第6章

图层面板与蒙版应用

图层相当于一张张的画纸，一个完整图形的绘制往往是由很多图层叠加而成的。蒙版相当于为图层中的图形添加的遮罩效果。本章将讲解图层与蒙版的相关知识，学习者通过学习需要了解图层面板的各个按钮的功能，掌握透明蒙版和裁切蒙版的运用，并根据图层和蒙版的知识对图形图像进行处理。

6.1 图层面板

图层用来管理组成图稿的所有对象。当图形复杂时，它就像一个结构清晰的文件夹一样将图稿分类保存起来。修改时可以对局部进行修改，不至于将不需要修改的图稿破坏。通过移动图层的顺序可以改变对象的叠放顺序。

在"窗口"菜单中打开"图层"面板，如图6-1所示。

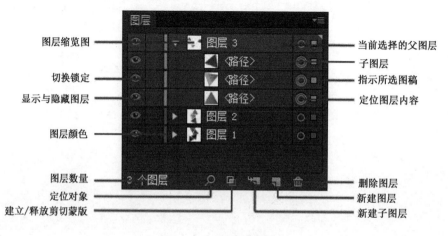

图6-1 "图层"面板

（1）创建新图层：新建文件时，"图层"面板自动生成"图层 1"。单击"新建图层"按钮，创建一个新图层"图层 2"。继续单击此按钮，依次创建新图层"图层 3"、"图层 4"等。复制图层时可以按住鼠标，将图层拖动到"新建图层"按钮上，完成复制。图层上的内容也会一起被复制。

（2）创建子图层：开始绘图时会在当前图层自动创建子图层，如图 6-2 所示。同时，单击按钮也可新建子图层，例如，在"图层 3"选中的状态下单击此按钮，可以在"图层 3"下方新建一个子图层"图层 4"，如图 6-3 所示。在子图层中绘制的图形也将显示在父图层中，即图 6-3 中"图层 4"中绘制的图形，将同时在"图层 3"中显示出来。通过在同一图层下多建几个子图层，可以组成一个图层组，可在父图层中统一编辑，也可单独在子图层中进行局部编辑，方便管理。

图6-2　绘制图形自动新建子图层

图6-3　单击"新建子图层"按钮新建子图层

（3）切换可视性：当图层前面显示按钮时，说明当前图层为预览视图状态，如图 6-4 所示。单击按钮，取消预览状态，当前图层不可见。按住 Ctrl 键单击按钮，将"预览视图"切换到"轮廓视图"，如图 6-5 所示。

图6-4　预览视图

图6-5　轮廓视图

提示

预览视图和轮廓视图之间的切换：可执行"视图/轮廓"或"视图/预览"命令，或者直接按 Ctrl+Y 组合键进行切换。

（4）图层颜色：图层前方的颜色块代表在该图层上绘制的参考线、路径、定界框等在选中状态下的颜色。例如，图层颜色为红色时，在画面中选中的路径、锚点、参考线、定界框等，颜色均为红色，如图 6-6 所示。

（5）锁定图层：单击眼睛图标后面的方格，出现一个锁形图标，说明该图层已被锁定，此时图层中的所有内容不能被编辑。再次单击，取消锁定，锁形图标消失，如图 6-7 所示。

图 6-6　图层颜色

图 6-7　锁定图层

（6）图层名称和颜色修改：双击一个图层，在弹出的"图层选项"对话框中修改名称和颜色等，如图 6-8 所示。

（7）定位对象：当单击"定位对象"按钮 时，子图层依次展现。

（8）删除图层：选中不需要的图层，单击"删除图层"按钮 ，即可删除图层。

（9）在"图层"面板中选择对象：每个图层后面都有"定位图层内容"按钮 ，单击此按钮，按钮变成双层圆 ，该图层上的图形对象即被选中。按钮后如果出现一个彩色小方框"指示所选图稿"，则说明该图层有内容。若无彩色方框，则说明该图层还没有绘制图形。

图 6-8　"图层选项"对话框

提示

若父图层中的按钮被定位，则该父图层下所有子图层都被定位，其中的图形内容全被选中。

（10）调整图层顺序：图层可以通过拖动调整顺序，通过调整图层的顺序可调整不同图层中图形对象的叠放次序。

提示

拖动图层调整顺序时，若同时按住 Alt 键，则可以将图层复制到指定位置。

思考与练习

（1）新建 3 个图层，分别练习如何通过拖动图层来调整顺序。

（2）为其中一个图层新建子图层。

（3）为图层重新命名。

（4）修改图层颜色。

自我评价表

内容及技能要点	是否掌握		熟练程度		
	是	否	熟练	一般	不熟
创建新图层					
创建子图层					
切换可视性					
图层颜色设定					
锁定图层设定					
图层名称和颜色修改					
删除图层					
调整图层顺序					
定位对象					
思考与练习					
自我总结在本节学习中遇到的知识、技能难点及是否解决					

6.2 蒙版

蒙版用于对对象进行遮罩，可以将不需要的内容隐藏起来，也可以将遮罩对象部分显示出来。通常，在 Adobe Illustrator CC 中，包括两种类型的蒙版：剪切蒙版和透明蒙版。剪切蒙版可以控制遮罩的区域，透明蒙版可以控制遮罩显示的程度。

1. 建立剪切蒙版

（1）同一图层上的对象建立剪切路径：将蒙版图形放在被遮罩图形的上方，如图 6-9 所示。单击"图层"面板下方的"建立/释放剪切蒙版"按钮 ，被遮罩图形与蒙版图形重叠的部分将会被保留，其余部分（包括蒙版图形）都会被隐藏，如图 6-10 所示。

图 6-9　蒙版图形在遮罩图形上方

图 6-10　建立剪切蒙版

（2）不同图层上的图形建立剪切蒙版：保证作为蒙版的图形在被遮罩图形的上方图层

上，将所有创建蒙版的图形选中，执行"对象/剪切蒙版/建立"命令，或右击，在弹出的快捷菜单中执行"创建剪切蒙版"命令。

2．创建不透明蒙版

当作为蒙版的图形的颜色为白色时，不能体现透明效果。当蒙版图形的颜色为黑色时，制作蒙版后图形完全被遮罩。当蒙版颜色为灰色时，制作蒙版后的半部分图形以半透明状呈现。

（1）绘制两个图形，将蒙版图形放在上方，颜色设为灰色（RGB：135，135，135），下方图形颜色任意，如图 6-11 所示。

（2）同时选中两个图形，并在"窗口"菜单中打开"透明度"面板（Shift+Ctrl+F10），如图 6-12 所示。

（3）在"透明度"面板中单击"制作蒙版"按钮，一个半透明状态的蒙版即可制作好，效果如图 6-13 所示。

　　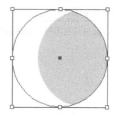

　　图 6-11　绘制两个图形　　　　　图 6-12　"透明度"面板　　　　图 6-13　透明蒙版

案例 1　‖　画册内页图片排版——创建蒙版

◯制作分析

排版画册中的图片需要将摄影的照片进行剪裁，要将不同尺寸的图片按照一定比例对齐排版，此时要用蒙版来进行裁剪遮罩。同时，图片的羽化等效果也可以通过蒙版来完成。图 6-14 所示为画册内页的示例。

图 6-14　画册内页

◯操作步骤

（1）新建文件：高为 210mm、宽为 210mm。

（2）在"图层 1"中执行"文件"置入操作，置入光盘文件中"第 6 章图层与蒙版"文件夹中的"6.2 蒙版/素材/图片 1"，取消选中"置入"菜单中的"链接"复选框，如图 6-15 所示。

（3）画面中光标变成如图 6-16 所示图形。在画面中单击以确定置入图片，并按住 Shift 键拖动定界框调整图片大小，将其放置在画面下方，如图 6-17 所示。

图 6-15 取消选中"链接"复选框　　　　　　　图 6-16 置入图片

（4）在图片上方绘制一个矩形，大小正好将图片盖住，并设定矩形为黑-白-黑的渐变填充色，作为蒙版图形，如图 6-18 所示。

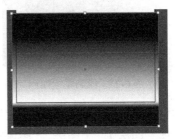

图 6-17 调整图像大小　　　　　　　　　　　图 6-18 蒙版图形

（5）同时框选两个图形，在"透明度"面板中单击"制作蒙版"按钮，得到如图 6-19 所示效果。

（6）在"图层"面板中将"图层 1"锁定，单击"新建图层"按钮，新建"图层 2"。置入"图片 2"并调整大小，放置到合适位置，如图 6-20 所示。

图 6-19 制作蒙版后的效果　　　　　　　　　图 6-20 置入"图片 2"

（7）在"图层 2"的图片上方绘制一个矩形，将图片部分遮盖住，如图 6-21 所示。

（8）单击"图层"面板下方的"建立/释放剪切蒙版"按钮，建立剪切蒙版，效果如图 6-22 所示。

（9）新建"图层 3"，置入"图片 3"，调整大小，并在上方绘制与"图层 2"上的蒙版图形高度相同的矩形，填充为由白到黑的渐变色，如图 6-23 所示。

（10）同时框选蒙版图形和被遮罩图片，在"透明度"面板中单击"制作蒙版"按钮，效果如图 6-24 所示。

图 6-21　绘制蒙版图形

图 6-22　建立剪切蒙版

图 6-23　绘制蒙版图形

图 6-24　建立透明度蒙版

（11）单击"图层 1"前方的锁定图层标识 🔒，将图层解锁。单击"图层 1"前方的三角形符号，使"图层 1"子图层"<图像>"显示出来，如图 6-25 所示。

（12）单击"<图像>"图层后面的定位符号 ◎，将该图层中的图片连同透明度蒙版一起选中。此时，"透明度"面板将会出现图片和透明度蒙版的缩略图。单击蒙版缩略图，如图 6-26 所示。

图 6-25　显示"图层 1"子图层

图 6-26　透明度蒙版

（13）在"图层 1"的蒙版中置入"旅游指南"文字图片，并调整位置，如图 6-27 所示。

图 6-27　在蒙版中置入图片

（14）调整各个图层图片的位置，得到如图 6-14 所示的最终效果。

（15）保存文件。

案例2 ▎波点人物头像效果——蒙版运用

制作分析

波点图案背景需要定义一个图案，并填充在背景中，人物的图像一定要是黑白的才能做出蒙版的效果。

操作步骤

（1）新建 A4 大小文件，选择"椭圆形工具"，按住 Shift 键画一个正圆，去掉描边色，如图 6-28 所示。

（2）按住 Alt 键和 Shift 键沿 45 度角复制一个圆形，按 Ctrl+D 组合键 3 次再次复制，效果如图 6-29 所示。

（3）同时选中一列圆，水平复制一排圆，按 Ctrl+D 组合键 3 次，复制多列圆，如图 6-30 所示。

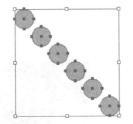
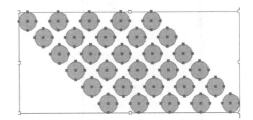

图 6-28　绘圆　　　　图 6-29　复制一列　　　　　　图 6-30　多次复制

（4）选择部分圆删除，得到如图 6-31 所示的圆形阵列。

（5）分别给圆填充颜色，为了使后面拼合的图案尽量无缝，将四角圆的颜色设为相同颜色，左右和上下中间的圆设置为相同颜色，如图 6-32 所示。

（6）群组所有圆（Ctrl+G），以四边圆的中心点为正方形的 4 个顶点绘制一个正方形并放于圆上方，全选图形，如图 6-33 所示。

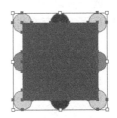

图 6-31　删除部分圆　　　图 6-32　设置圆的颜色　　　图 6-33　绘制正方形

（7）选择"形状生成器"工具，按 Alt 键单击正方形以外的圆部分，如图 6-34 所示。

（8）删除上方的正方形，得到下方的图案，并缩小图案，如图 6-35 所示。

（9）拖动上面绘制的图案到"色板"面板中，新建图案色板，如图 6-36 所示，完成自定义图案，并将绘制在画面中的图案删除。

图 6-34　删除外围

图 6-35　缩小图案

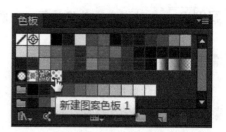

图 6-36　新建图案色板

（10）沿文件画面大小绘制一个矩形，单击"色板"面板中定义好的新建图案，将矩形填满波点图案，如图 6-37 所示。

（11）选中填充图案的矩形，打开"透明度"面板，单击"制作蒙版"按钮，将画面用蒙版遮罩起来，如图 6-38 所示。

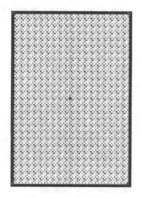

图 6-37　填充图案

图 6-38　制作蒙版

（12）单击"透明度"面板中的黑色蒙版缩略图，画面进入蒙版状态。

（13）执行"文件/置入"命令，将文件夹"第 6 章图层与蒙版/6.2 蒙版/素材"中的图片"切.诺瓦"置入画面，如图 6-39 所示。

（14）此时，"透明度"面板如图 6-40 所示。

（15）选中"透明度"面板上的"反相蒙版"复选框，得到反相的效果，调整图片大小，如图 6-41 所示，保存文件。

图 6-39　置入图片

图 6-40　置入图片后的蒙版

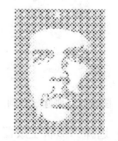

图 6-41　波点人物头像

案例 3 ▎ 水晶按钮制作——渐变填充、透明度蒙版运用

按钮的水晶剔透的效果只用渐变填充是无法完成的，这里运用了透明蒙版等效果，使按

钮的感觉更晶莹，如图 6-42 所示。

操作步骤

（1）新建 A4 大小文件，绘制两条相交的参考线。

（2）以参考线交点为圆心，绘制一个正圆，填充为渐变色，设定为由白到黑的径向渐变，并调整角度和渐变大小，如图 6-43 所示。

图 6-42　水晶按钮　　　　　　　　　图 6-43　设定径向渐变

（3）打开"外观"面板，单击右上方的三角形按钮，在下拉菜单中执行"添加新填色"命令，如图 6-44 所示。

图 6-44　"外观"下拉菜单

提示

在 Adobe Illustrator CC 中，每个图形对象都有各自的填色、描边、透明度等"外观"属性，这些属性按照被应用的先后顺序保存在"外观"面板中，添加的新填色将叠加在原填色上方，覆盖住原填色内容。

（4）在圆左上方设置一个新的渐变效果，如图 6-45 所示。

（5）打开"透明度"面板，将混合模式改为"滤色"，如图 6-46 所示。

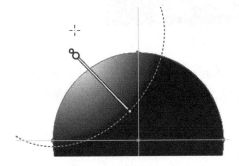

图 6-45　添加新渐变色　　　　　　　图 6-46　将混合模式设为"滤色"

在滤色模式中，当两个层次重叠时，保留两个层次中较白的部分，较暗的部分被遮盖。

（6）新建"图层 2"，以参考线交点为圆心绘制一个小一些的圆，将描边色设置为白色到深灰色的线性渐变，角度为120°，如图6-34所示。

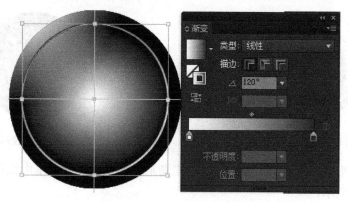

图6-47　设定描边的渐变色

描边色进行渐变填充时"渐变工具"不可用，要想调节渐变方向，则只能运用"渐变"面板中的角度来设定。

（7）将填充色设置为白-灰-白的线性渐变，调整方向，如图6-48所示。

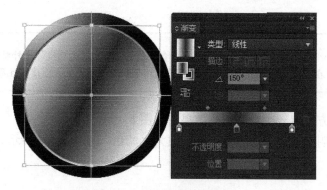

图6-48　设定填充的渐变色

（8）新建"图层 3"，以参考线交点为圆心继续绘制一个小一些的圆，作为按钮中心的水晶球，并设定描边色为白色到灰色的线性渐变，填充色为橙色到洋红色的径向渐变，并调节渐变发射点，如图6-49所示。

（9）打开"外观"面板，添加新填色，添加一个渐变效果，将"透明度"面板中的混合模式设为"滤色"，使按钮更透亮，如图6-50所示。

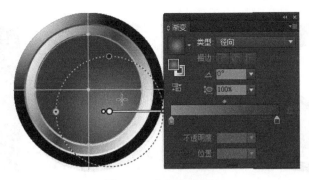

图 6-49　中心水晶球

图 6-50　添加新的渐变色

（10）将前面制作的所有图层都锁定，新建"图层 4"，如图 6-51 所示。

（11）绘制一个与水晶圆大小一样的圆，填充成白色，描边色为无，如图 6-52 所示。

（12）使用"钢笔工具"绘制一个形状，如图 6-53 所示。

图 6-51　新建图层

图 6-52　绘制新圆

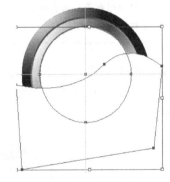

图 6-53　绘制形状

（13）同时选中圆形和钢笔工具绘制的图形，打开"路径查找器"面板，单击"减去顶层"按钮，效果如图 6-54 所示。

（14）复制图形（Ctrl+C），粘贴到前面（Ctrl+F），原位复制一个相同的图形，填充为白色到黑色的线性渐变色，效果如图 6-55 所示。

（15）同时框选两个重叠的图形，在"透明度"面板中单击"制作蒙版"按钮，得到如图 6-56 所示的效果，锁定图层。

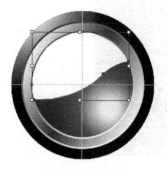

图 6-54　剪切形状

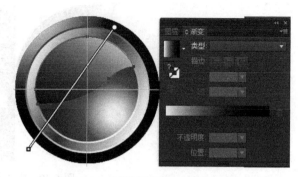

图 6-55　在复制的图形上设置渐变色

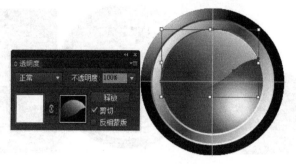

图 6-56　设置透明度蒙版

 提示

　　此处绘制的是两个完全重合的图形，上层的图形填充的渐变色是作为蒙版使用的，蒙版中白色部分用于显示底层的图形颜色，黑色部分用于隐藏底层图形颜色，所以，制作蒙版后底层中的白色上面部分显示出来，下面部分被隐藏成透明色。

　　（16）新建"图层 5"，在按钮上方绘制一个小圆，如图 6-57 所示。

　　（17）在小圆的上方绘制一个稍大一些的圆并填充为白色到黑色的径向渐变，如图 6-58 所示。

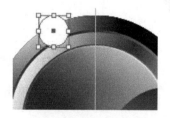

图 6-57　绘制小圆

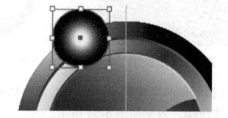

图 6-58　绘制大一点的圆

　　（18）同时框选两个圆，在"透明度"面板上单击"制作蒙版"按钮，制作出高光的效果，如图 6-59 所示。

　　（19）方法相同，绘制高光并放在按钮右下方，单击透明度蒙版中的填色缩略图，将透明度设置为 70%，如图 6-60 所示。

图 6-59　绘制上方高光

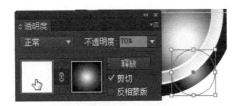

图 6-60　调整高光透明度

（20）将图层全部解锁，如图 6-61 所示，删除参考线。调整整体效果，得到最终图像，如图 6-62 所示。

图 6-61　将图层解锁

图 6-62　最终效果

案例 4　云形图标制作——图层与蒙版综合运用

制作分析

在图 6-63 中，相同的云图形需要分布在不同的图层中，为了选择方便，需要运用"图层"面板来整理和选择图形。亮光部分同样运用"透明度"蒙版来制作。

图 6-63　云形图标

操作步骤

（1）新建 A4 大小文件，在"图层 1"的画面中拖动出水平和垂直两条参考线。

（2）以参考线交点为圆心，按住 Alt 键和 Shift 键绘制一个正圆。

（3）在圆的左边绘制一个小一些的圆，以垂直参考线为轴，镜像复制另一个圆，绘制好组成云的基本图形，如图 6-64 所示。

（4）选择"形状生成器"工具 （Shift+M），如图 6-65 所示，将 3 个图形组合到一起。

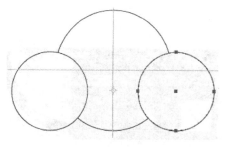

图 6-64　绘制 3 个圆

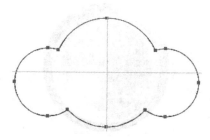

图 6-65　组合 3 个圆

（5）在下方绘制一个矩形，如图 6-66 所示。

（6）使用"形状生成器"工具，按住 Alt 键减掉下面的部分形状，如图 6-67 所示。

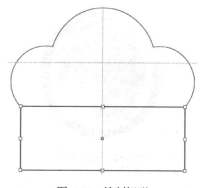

图 6-66　绘制矩形

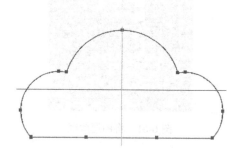

图 6-67　减掉部分形状

（7）填充云形状为浅蓝到深蓝的渐变色，如图 6-68 所示。

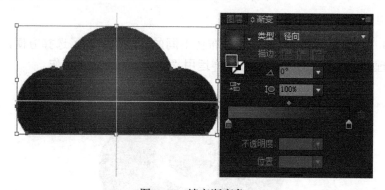

图 6-68　填充渐变色

（8）在"图层"面板中将"图层 1"拖动到"新建图层"按钮　上两次，复制"图层 1"两次。

（9）分别双击"图层 1 复制 1"和"图层 1 复制 2"，将复制的两个图层重命名为"层次 1"、"层次 2"。拖动"图层 1"，将图层 1 放置到最上方，如图 6-69 所示。

（10）单击"层次 1"图层后面的"定位图层内容"按钮，选中"层次 1"上的云形图像，按键盘上的上方向键 20 次，将图形颜色设为深蓝色，如图 6-70 所示。

（11）方法相同，单击"层次 2"上的"定位图层内容"按钮，选中"层次 2"上的图形，按键盘上的上方向键 10 次，并将图形颜色设定为浅蓝色，如图 6-71 所示。

（12）再次复制"图层 1"，命名为"亮光"。复制完后锁定"图层 1"、"层次 1"、"层次 2"，如图 6-72 所示。

图 6-69 重命名复制的图层

图 6-70 向上移动并填充"层次 1"图形

图 6-71 向上移动并填充

图 6-72 复制新图层"亮光"

（13）单击"亮光"图层后的"定位图层内容"按钮○，将新复制的云形图填充成白色，如图 6-73 所示。

（14）在下方绘制一个图形，并同时选中两个图形，如图 6-74 所示。

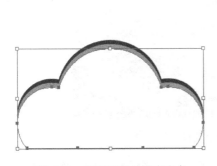

图 6-73 复制图形并填充白色

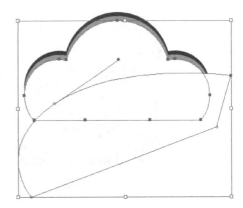

图 6-74 绘制下方图形

（15）单击"路径查找器"面板中的"减去顶层"按钮 ，得到如图 6-75 所示的图形。

（16）复制图形（Ctrl+C），粘贴到前面（Ctrl+F），填充成白色到灰色的渐变，如图 6-76 所示。

（17）框选剪切后的图形（框选可以将重叠在一起的下层和上层的图形同时选中），在"透明度"面板中单击"制作蒙版"按钮，并将不透明度设为 40%，如图 6-77 所示。

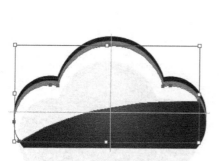

图 6-75　减去顶层

图 6-76　填充渐变色

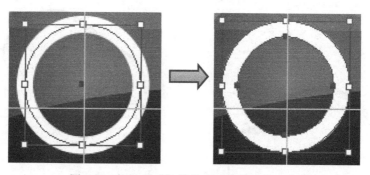

图 6-77　制作"亮光"

（18）新建图层，命名为"开关图标"。

（19）在"开关图标"上绘制一个小圆，将填充设为无色，描边为白色，描边粗细为 25pt 左右。

（20）执行"对象/路径/轮廓化描边"命令，将轮廓图形转化为填充图形，如图 6-78 所示。

图 6-78　执行"对象/路径/轮廓化描边"命令

（21）绘制一个矩形并放在圆上方，选中圆和矩形，单击属性栏中的"水平居中"按钮 ，如图 6-79 所示。

（22）单击"路径查找器"面板中的"减去顶层"按钮 ，得到如图 6-80 所示图形。

（23）绘制一个矩形并放在中间，形成开关图标，群组这两个图形（Ctrl+G），如图 6-81 所示。

（24）复制开关图标，并向上移动一些，填充成黑色，设定不透明度为 15%，如图 6-82 所示。

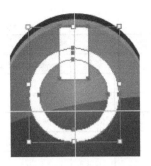

图 6-79 绘制图形

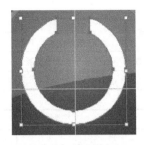

图 6-80 剪切图形

图 6-81 绘制矩形

（25）运用透明蒙版的方法为图标绘制高光，如图 6-83 所示。

图 6-82 绘制开关图标

图 6-83 添加高光

（26）完成图标制作，并保存文件。

 思考与练习

运用图层蒙版等知识，制作以下图标。

自我评价表

内容及技能要点	是否掌握		熟练程度		
	是	否	熟练	一般	不熟
建立剪切蒙版：同一图层上的对象建立剪切路径					
建立剪切蒙版：不同图层上的图形建立剪切蒙版					

续表

内容及技能要点	是否掌握		熟练程度		
	是	否	熟练	一般	不熟
创建不透明蒙版："透明度"面板运用、制作半透明及渐变效果蒙版					
"外观"面板运用					
案例 1 制作					
案例 2 制作					
案例 3 制作					
案例 4 制作					
思考与练习					
自我总结在本节学习中遇到的知识、技能难点及是否解决					

总结：

在绘制复杂图形时，图层的作用比较明显，它便于对图形进行管理和修改。蒙版分为"剪切蒙版"和"不透明度蒙版"，通过蒙版可以限定图形显现的范围，"不透明蒙版"还可以使图形部分显示，得到类似羽化的效果。学习本章后，应该了解"图层"面板的所有按钮标识的作用，并学会如何运用。同时，通过相关的案例，学习者要掌握蒙版知识，能够运用"剪切蒙版"和"不透明度蒙版"制作特殊效果，如晶莹剔透的水晶球等。对于 UI 设计来说，蒙版的作用非常明显。利用蒙版进行的 UI 小图标设计，更有立体感和光泽感。

第 7 章

画笔与符号应用

本章主要讲解画笔工具、画笔面板和符号工具、符号面板的使用，要求学习者掌握画笔工具的设置、画笔种类及新建画笔的方法，掌握符号的新建及使用符号喷枪工具喷绘符号，难点在于图案画笔的设置及符号面板的运用。

7.1　画笔编辑与使用技巧

画笔 工具用来为路径描边，画笔的模式有很多，有毛刷画笔、图案画笔、艺术画笔等，可以添加复杂的图案和纹理。Adobe Illustrator 自带了一些画笔，也可以从网络上下载一些艺术画笔并安装，使设计的画面更丰富。

1. 画笔工具与画笔面板

1）画笔工具

双击工具箱中的画笔工具 （B），弹出"画笔工具选项"对话框，如图 7-1 所示。

（1）保真度：用来控制鼠标移动距离，该值越大，路径越平滑。

（2）平滑度：设置路径的平滑程度。

（3）填充新画笔描边：可在路径区域填充颜色，包括开放式路径。

（4）保持选定：绘制路径后，路径自动处于选定状态。

（5）编辑所选路径：选择该选项后绘制一条路径，当该路径处于选中状态时，可以用画笔工具对其进行修改。

 提示

当绘制两条比较靠近的路径时，不要选中此复选框，否则新绘制的路径会代替已经绘制好的路径。

（6）范围：用来确定鼠标指针与路径在多大距离之内时，画笔工具才能编辑路径。"编辑所选路径"不选中时，该项呈灰色不可编辑状态。

2）画笔面板

执行"窗口/画笔"命令，打开"画笔"面板，如图 7-2 所示。单击"画笔"面板右上方的三角形按钮，弹出下拉菜单，如图 7-3 所示。

图 7-1　"画笔工具选项"对话框

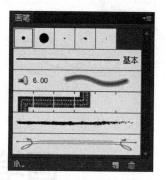

图 7-2　"画笔"面板

（1）书法画笔：可以模拟毛笔笔迹，创建书法效果。

（2）散点画笔：可以将一个对象定义的画笔沿路径分布。

（3）毛刷画笔：笔头呈毛刷状。

（4）图案画笔：可创建花边等图案效果。

（5）艺术画笔：可模拟水彩、炭笔等艺术效果。

（6）打开画笔库：可以打开画笔软件自带的画笔。也可以单击"画笔"面板下方的"画笔库菜单"按钮 ，打开画笔库，如图 7-4 所示。

图 7-3　"画笔"面板菜单

图 7-4　画笔库菜单

（7）存储画笔：新建的画笔会临时存储在"画笔"面板中，如果需要下次新建文件时新建的画笔仍然存在，则需保存画笔。单击"画笔库菜单"按钮，在下拉菜单中执行"保存画笔"命令，将画笔保存在 Illustrator 默认的保存画笔文件夹中。另外，新建文件时需要打开画笔库中的"用户定义"功能，找到保存的画笔。

2．新建画笔方法

1）新建书法画笔

（1）单击"画笔"面板中的"新建"按钮 ![icon]，弹出"新建画笔"对话框，如图7-5所示。

（2）选中"书法画笔"单选按钮，单击"确定"按钮，弹出"书法画笔选项"对话框，如图7-6所示。

（3）在"名称"文本框中输入名称，即可自定义画笔名称。

（4）通过设定角度、圆度及大小来设置画笔笔头的形状。

（5）手动调节"画笔形状编辑器" ![icon]，进行角度和圆度的修改。

（6）单击"画笔"面板中的"画笔库菜单"按钮 ![icon]，在下拉菜单中执行"存储画笔"命令。

图7-5 "新建画笔"对话框

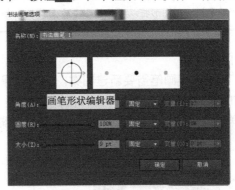

图7-6 "书法画笔选项"对话框

2）新建散点画笔

在创建散点画笔前要先定义画笔图形。例如，以五角星为图形新建散点画笔，方法如下。

（1）选择"星形工具"，绘制一个五角星。

（2）在五角星的选中状态下单击"画笔"面板中的"新建"按钮 ![icon]，在弹出的"新建画笔"对话框中选中"散点画笔"单选按钮，确定后将弹出"散点画笔选项"对话框，如图7-7所示，按照图7-7设定参数。

（3）设定好新建的画笔后，新画笔将保存在"画笔"面板中，如图7-8所示。

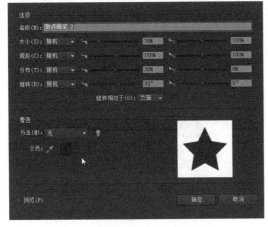

图7-7 "散点画笔选项"对话框

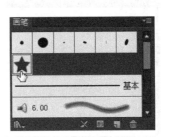

图7-8 "画笔"面板

（4）选择"画笔工具"，在绘图区域绘制路径，散点画笔将运用到路径上，如图 7-9 所示。

（5）单击"画笔库菜单"按钮，在下拉菜单中执行"保存画笔"命令。

图 7-9　散点画笔的运用效果

 提示

"大小/间距/分布"可设定画笔图形的大小、间距，以及与路径的距离。"旋转"可设定画笔图形的角度。如果选择"页面"，则图形将以页面的水平方向旋转。如果选择"路径"，则图形将以路径方向旋转。

3）新建图案画笔

方法 1：新建图案画笔需要新建图案，并将其保留在色板中。

（1）绘制一个五角星图案，并拖入色板中保存，如图 7-10 所示。

（2）同样，绘制一个五边形图案和一个圆形图案，分别拖入色板，如图 7-11 所示。

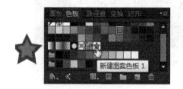

图 7-10　新建图案色板 1

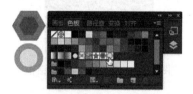

图 7-11　新建图案色板 2、3

（3）单击"画笔"面板中的"新建"按钮，在弹出的"新建画笔"对话框中选中"图案画笔"单选按钮。

（4）单击"确定"按钮，弹出"图案画笔选项"对话框。其中有 5 个符号：（外角拼贴）、（边线拼贴）、（内角拼贴）、（起点拼贴）、（终点拼贴）。分别单击 5 个符号上方的缩略图，找到定义好的图案，如图 7-12 所示。单击"确定"按钮，设定好图案画笔。

（5）用"画笔工具"在绘图区绘制一条路径，图案画笔便应用在路径上。如果绘制的是不规则的曲线，则效果如图 7-13 所示，边角处的图案会自动变形。所以，图案画笔在应用时一般选用直线路径。

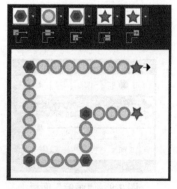

图 7-12　规则图案画笔

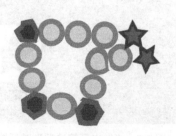

图 7-13　不规则图案画笔

（6）双击"画笔"面板中设定好的图案画笔，可再次弹出"图案画笔选项"对话框，编辑设定好的画笔。

 提示

在"图案画笔选项"对话框中可以选择着色方法。如图 7-14 所示，当选择"无"时，画笔的颜色是定义的图案颜色，无法修改。当选择"色调"、"淡色和暗色"及"色相转换"时，可以通过更改路径的描边色来对图案画笔绘制的图案进行颜色更改。例如，以上设定的图案画笔，将着色方法改为"色调"，将描边色设定为绿色，绘制的效果如图 7-15 所示。方向可控制，如图 7-16 所示。

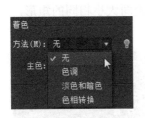

| 图 7-14 图案画笔选项 | 图 7-15 着色 | 图 7-16 方向设置 |

方法 2：

（1）新建文件，绘制一个五角星图案、一个圆形图案和一个五边形图案。

（2）将圆形图案拖入"画笔"面板，弹出"新建画笔"对话框，选中"图案画笔"单选按钮。

（3）图案画笔选项中，除了"边线拼贴"为圆形图案外，其余设置均为"无"。单击"确定"按钮后，圆形图案将出现在"画笔"面板中，如图 7-17 所示。

（4）此时，该画笔的前一个格子和后 3 个格子均没有内容。

（5）按住 Alt 键，将五边形和五角形分别拖入前面和后面的格子中，在弹出的"图案画笔选项"对话框中直接单击"确定"按钮。"画笔"面板中的"图案画笔"设定完成，如图 7-18 所示。

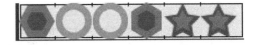

| 图 7-17 拖动圆形图案到"画笔"面板中 | 图 7-18 拖入六边形和五角星 |

4）新建艺术画笔

绘制一个图形并选中，单击"新建画笔"按钮，选中"艺术画笔"单选按钮，可通过"艺术画笔选项"对话框中的"方向"按钮来调整图形与路径之间的对应关系，如图 7-16 所示。

 提示

渐变、混合、画笔描边、网格、位图图像等图形不能用于创建艺术画笔、图案画笔和散点画笔的图形。

案例 1 ┃ 彩带文字——图案画笔运用

制作分析

该案例的重点是绘制一个图案画笔，图案画笔的绘制不能出现缝隙，在拐角处要自然。这就要运用到"形状生成器"、"路径查找器"面板等图形分割、图形运算工具。

操作步骤

（1）新建文件：A4 大小，横版 ，CMYK 模式。绘制与画面大小相同的矩形，并填充径向渐变色；锁定图层 ，如图 7-19 所示。

图 7-19　新建文件

（2）新建图层，使用"矩形工具"绘制大小为 200mm×50mm 的矩形，填充色为白色，描边色无，如图 7-20 所示。

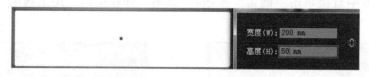

图 7-20　绘制白色矩形

（3）绘制大小为 30mm×90mm 的红色矩形，如图 7-21 所示。

（4）在红色矩形的选中状态下，双击"旋转工具"，在弹出的对话框中设定角度为-30°，如图 7-22 所示。

图 7-21　绘制红色矩形

图 7-22　旋转红色矩形

（5）使用"选择工具"，按 Alt+Shift 组合键水平移动红色矩形。按 Ctrl+D 组合键复制一个红色矩形，如图 7-23 所示。

（6）选中所有矩形，选择"形状生成器"工具，按 Alt 键单击红色矩形与白色矩形相交以外的部分，将它们删除，得到如图 7-24 所示的 3 个平行四边形。

图 7-23　复制矩形

图 7-24　剪切矩形

（7）按 Ctrl+R 组合键打开标尺，拖动出两条参考线，分别放置在红色平行四边形的左边和右边，如图 7-25 所示。

（8）在辅助线上绘制一个矩形，如图 7-26 所示。

图 7-25　拖动出参考线

图 7-26　绘制矩形

（9）同时框选上层的矩形和下层的平行四边形、白色矩形，在"路径查找器"面板中单击"分割"按钮，如图 7-27 所示。

（10）右击并"取消编组"，如图 7-28 所示。

图 7-27　分割

图 7-28　取消编组

（11）选择"选择工具"，按住 Shift 键单击左边和右边被分割出来的图形，选择"吸管工具"，在白色区域单击，将颜色改为白色，如图 7-29 所示。

（12）使用"选择工具"单击白色区域，选中白色矩形，右击并执行"排列/置于底层"命令（Shift+Ctrl+[），将原本在上层的两个红色倾斜的平行四边形显示出来，如图 7-30 所示。

图 7-29　修改颜色

图 7-30　调整层次

（13）此时将 3 个部分的图形分开，如图 7-31 所示。

图 7-31　分开图形

（14）在左边的图形上，使用"椭圆形工具"绘制图形。圆的直径与白色矩形的高相等，圆的中心点要在白色矩形中心线上，如图 7-32 所示。

提示

可以在打开"视图/智能参考线"（Ctrl+U）的同时打开"视图/对齐点"（Alt+Ctrl+"），这样在绘制图形时可以自动对齐并显示参考点。

（15）选择"选择工具"，框选该组图形，并单击"路径查找器"面板中的"分割"按钮，如图 7-33 所示。

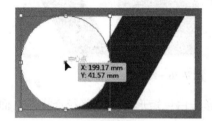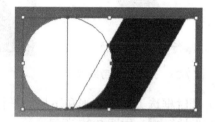

图 7-32　绘制圆形　　　　　　　　　　图 7-33　分割图形

（16）右击并"取消编组"，选中圆与红色平行四边形相交的区域，选择"吸管工具"单击红色，删除多余部分。方法相同，将另一部分组合制作好，如图 7-34 所示。

（17）同时选中所有图形并缩小，以方便作为画笔使用。

（18）分别将图 7-34 所示的两个图形拖入色板，新建图案色板，如图 7-35 所示。

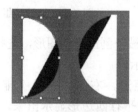

图 7-34　删除多余部分　　　　　　　　图 7-35　新建图案色板

（19）选择前面绘制好的中间的平行四边形图形，拖入"画笔"面板，并新建"图案画笔"，名称为"红条纹"。在弹出的"图案画笔选项"对话框中，设置"边线拼贴"为中间部分的平行四边形，"起点拼贴"和"终点拼贴"为新建的图案色板，其余两项为无，如图 7-36 所示。

（20）单击"确定"按钮，定义好图案画笔，将画面中原先用来定义图案画笔的图形删除。

（21）选择"铅笔工具"及"平滑工具"绘制平滑路径，如图 7-37 所示。

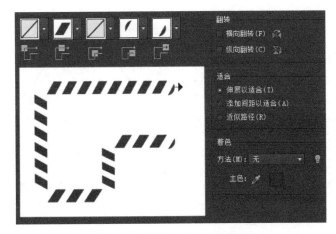

图7-36　图案画笔选项的设置

（22）单击"图案画笔"面板中定义好的图案画笔"红条纹"，将该画笔应用到画面中的路径上，如图7-38所示。

图7-37　绘制路径

图7-38　应用图案画笔

（23）保存文件。

案例 2 ┃ 不连续的圆形边框图案——图案画笔运用

📗制作分析

不连续的边框图案不需要考虑图案之间的衔接，所以相对简单，绘制一个图案拖入"画笔"面板，新建图案画笔即可，如图7-39所示。

图7-39　不连续的边框图

📗操作步骤

（1）新建 80mm×80mm 的文件。

（2）绘制一个圆，填充色为无。复制一个与其水平相切，并拖动一条横线、两条竖线作为辅助线，右击并锁定辅助线，如图7-40所示。

（3）选择"剪刀工具"在如图7-41所示的四点单击，并删除左边和右边的半圆。

（4）同样，分别选中剩下的两个半圆，使用"剪刀工具"在中间单击。删除后，如

图 7-42 所示。

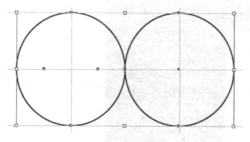

图 7-40 绘制圆

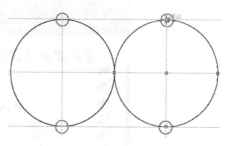

图 7-41 选中四点

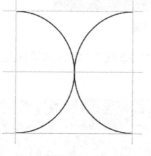

（a）删除左边和右边的半圆

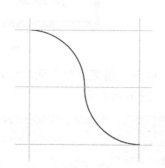

（b）删除部分圆后效果

图 7-42 删除部分圆

（5）此时的两条曲线是独立的，用"直接选择工具"框选两条线中间的锚点。执行"对象/路径/链接"命令将两个重叠的锚点变为一个点，如图 7-43 所示，两条曲线变为一条曲线。

（6）选择"旋转工具"，在曲线中心点单击，在弹出的"旋转"对话框中输入角度为30°，效果如图 7-44 所示。

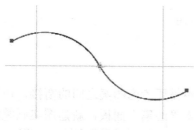

图 7-43 两条曲线变为一条曲线

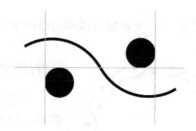

图 7-44 旋转效果

（7）设置曲线的描边颜色为橄榄绿色即 RGB（43，42，17），描边粗细为 4pt。

（8）绘制两个圆，并分别放置在曲线的上下，颜色设置为 RGB（81，18，14），描边色为无。

（9）框选所有图形，并缩小到合适位置，将其拖入"画笔"面板。在弹出的对话框中选中"图案画笔"单选按钮，并在"图案画笔选项"对话框中按图 7-45 设置，单击"确定"按钮。

（10）绘制一个正圆，并单击设定好的图案画笔，如图 7-46 所示。

（11）存储文件。

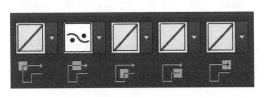

图 7-45　设置图案

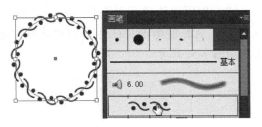

图 7-46　绘制图案

案例 3 连续的圆形及方形边框图案——图案画笔运用

制作分析

图 7-47 所示的图案是连续不间断的。要想做出这种效果，就必须保证一个单元的图案与另一个单元的图案无缝拼贴。所以在做单元图案时要考虑左右绝对对称，并且切角要垂直。

图 7-47　连续的圆形及方形边框图案

操作步骤

（1）新建 A4 大小文件，CMYK 模式。

（2）为了方便观察，将视图模式切换为轮廓模式。

（3）在图层 1 的画面中绘制一个 6mm×5mm 的矩形，水平复制一个矩形并与其对齐。锁定图层 1，如图 7-48 所示。

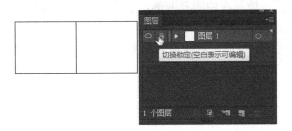

图 7-48　锁定图层

（4）新建图层，按 Ctrl＋+组合键，放大图形的显示。绘制一条斜线，为了方便以后的剪切，可将下面的直线稍微绘出一点，如图 7-49 所示。

（5）选择添加锚点工具，在斜线中间添加一个锚点，如图 7-50 所示。

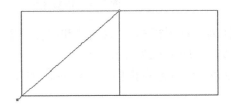

图 7-49　绘制斜线

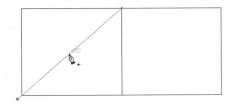

图 7-50　添加锚点

（6）选择转换锚点工具，在添加的锚点处稍微拖动，如图 7-51 所示。

（7）使用"选择工具"选中整个曲线路径，选择"镜像工具" 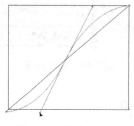，以上方锚点为中心点，按住 Alt 键单击，在弹出的对话框中选择"垂直"和"复制"选项，单击"确定"按钮，如图 7-52 所示。

图 7-51　转变成曲线　　　　　　　　　图 7-52　镜像复制

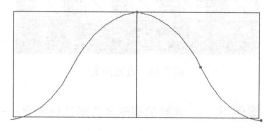

（8）选择"直接选择工具"框选两条曲线上方重叠的两个锚点，按 Ctrl+J 组合键连接路径，如图 7-53 所示。

（9）使用转换锚点工具微调上部的弧度，使弧线平滑，如图 7-54 所示。

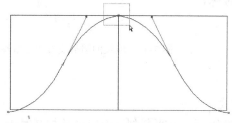
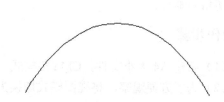

图 7-53　连接路径　　　　　　　　　　图 7-54　微调路径

（10）绘制 3 个圆形，放置在中间及两侧，水平位置应保持在同一条线上，且分别位于两个矩形产生的 3 个垂直边角上，如图 7-55 所示。

（11）为了方便绘制，以矩形左右两边为参考，拖动出两条辅助线，并隐藏"图层 1"，使两个矩形不可见，如图 7-56 所示。

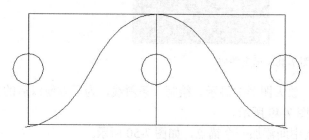
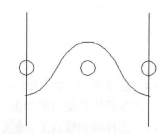

图 7-55　绘制圆形　　　　　　　　　　图 7-56　隐藏矩形

（12）按 Ctrl+Y 组合键，将"轮廓模式"切换为"视图模式"。将曲线和圆都设置为褐色，参考颜色值为 CMYK（58%，96%，100%，51%），如图 7-57 所示。

（13）使用"选择工具"选中曲线，执行"对象/路径/轮廓化描边"命令，如图 7-58 所示。

（14）绘制矩形，左右边正好对齐参考线，如图 7-59 所示。

（15）同时框选所有图形，单击"路径查找器"面板中的"分割"按钮，并在图形上右击，执行"取消编组"命令，如图 7-60 所示。

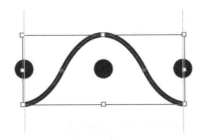

图 7-57 设置颜色

图 7-58 轮廓化描边路径

图 7-59 绘制矩形

图 7-60 取消编组

（16）使用"选择工具"单击空白处，取消所有图形的选定状态，并逐一选中多余的部分，按 Delete 键删除，如图 7-61 所示。

（17）将两个半圆和中间的圆设置成蓝色，如图 7-62 所示。

（18）框选所有图形，拖入"画笔"面板，新建图案画笔，如图 7-63 和图 7-64 所示。

图 7-61 删除多余

图 7-62 设置颜色

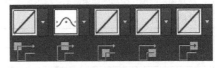

图 7-63 新建图案画笔

（19）绘制一个正圆，色彩填充为无，描边色为无，单击新建的图案画笔，将图案画笔运用到圆路径上，如图 7-65 所示。

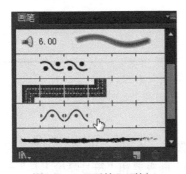

图 7-64 "画笔"面板

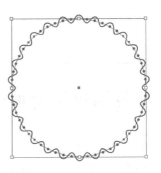

图 7-65 运用图案画笔

（20）存储文件。

思考与练习

运用图案画笔绘制下列边框图案。

自我评价表

内容及技能要点	是否掌握		熟练程度		
	是	否	熟练	一般	不熟
"画笔工具选项"设定					
"画笔"面板运用：画笔菜单运用					
新建书法画笔					
新建散点画笔					
新建图案画笔：不连续图案画笔、连续图案画笔					
案例1制作					
案例2制作					
案例3制作					
思考与练习					
自我总结在本节学习中遇到的知识、技能难点及是否解决					

7.2 符号编辑与使用技巧

将图形编辑成符号后即可大量、重复运用相同的图形，不用一一绘制。创建的符号应用后，当修改符号样本时，画面中的符号会自动更新。"符号"面板要和"符号喷枪工具"一同使用。

1．符号面板和符号喷枪工具

1）符号面板

执行"窗口/符号"命令，打开"符号"面板，如图7-66所示。

（1）符号库 ：Illustrator CC新增了不少符号库，单击"符号库"按钮 ，在弹出的下拉菜单中选择一个符号库，如选择"点状图案矢量包"，则打开如图 7-67 所示的"点状图案矢量包"面板。

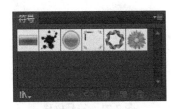

图 7-66 "符号"面板

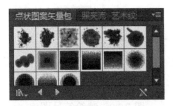

图 7-67 "点状图案矢量包"面板

（2）置入符号 ↪：选择"符号"面板中的一个符号样本，单击"置入符号"按钮 ↪，所选的符号自动添加到绘图区域中。

（3）断开符号链接 ✤：当置入一个符号后，该符号和"符号"面板是相互链接的。当单击"断开符号链接"按钮 ✤ 后，中间的十字符号会消失，此时符号可独立编辑，不受"符号"面板中的符号样本影响，如图 7-68 所示。

（4）符号选项 ▤：在"符号"面板中选择一个符号样本，单击"符号选项"按钮，弹出"符号选项"对话框，可修改符号的名称和类型，如图 7-69 所示。

图 7-68 符号及断开链接后编辑符号

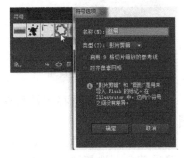

图 7-69 "符号选项"对话框

（5）新建符号 ◩：绘制一个图形作为符号，选中这个图形，单击"符号"面板中的"新建"按钮，该图形便作为符号载入"符号"面板。同时，可以直接拖动图形至"符号"面板中。在拖动的过程中，会弹出"符号选项"对话框，可以进行名称、类型的设定。

（6）删除符号 🗑：选中一个符号样本，单击"删除"按钮，即可删除该符号按钮。

2）符号喷枪工具 🔳（Shift+S）

该工具可以将在"符号"面板中选中的符号大量地喷绘到绘图区中。

方法：

（1）选择"符号"面板中的一个符号样本。

（2）选择"符号喷枪工具"，在绘图区按住鼠标左键拖动，"符号喷枪"画笔即可绘制出一个符号群，如图 7-70 所示。图中圆圈即为"符号喷枪"画笔的覆盖范围。

（3）符号移位：按住"符号喷枪"工具，选择"符号位移器"工具 🔧，在喷绘好的符号上拖动，使单个符号移动，如图 7-71 所示。

提示

符号喷枪工具下方的三角形符号表明该工具是一个工具组，其中包含其他附带的工具。

图 7-70   喷绘符号图案

图 7-71   符号位移

（4）符号紧缩：按住"符号喷枪工具"，选择"符号紧缩器"工具，在符号群上单击，或按住鼠标左键，可使"符号喷枪"画笔覆盖的符号间距紧缩，如图 7-72 所示。

（5）局部放大符号群中的符号：按住"符号喷枪"工具，选择"符号缩放器"工具，在符号群中的符号上单击，即可放大"符号喷枪"画笔覆盖的符号，如图 7-73 所示。

图 7-72   符号紧缩

图 7-73   符号放大

（6）局部缩小符号：选择"符号缩放器"工具，按住 Alt 键单击符号群，局部缩小符号，如图 7-74 所示。

（7）符号旋转：选择"符号旋转器"工具，在符号群上单击，可改变符号的方向。

（8）符号着色：选择"符号着色器"工具，在"色板"面板中选择一个颜色，在符号群上单击，可改变符号颜色，如图 7-75 所示。

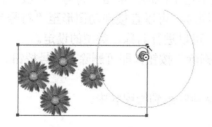

图 7-74   符号缩小

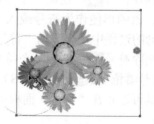

图 7-75   符号着色

（9）颜色减淡：选择"符号滤色器"工具，单击符号群，可使颜色变淡，如图 7-76 所示。

（10）样式运用：执行"窗口/图形样式"命令，打开"图形样式"面板，选择其中的样式，选择"符号样式器"工具，在符号群上单击，在符号群中添加样式，如图 7-77 所示。

 提示

若编辑完符号后，要还原符号原貌，则需要按住 Alt 键在符号中单击。

图 7-76　符号滤色

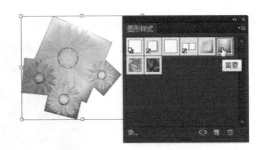

图 7-77　符号样式运用

2．设置与编辑符号

符号工具选项：双击"符号喷枪工具"，弹出"符号工具选项"对话框，如图 7-78 所示。

（1）直径：用来设置符号工具的画笔大小。

（2）强度：该值越高，符号画笔压力越大，创建符号的速度越快。

（3）符号组密度：用来设定符号组的吸引值，值越大，符号的密度越大。

（4）方法：仅对"符号紧缩器"、"符号缩放器"、"符号旋转器"、"符号着色器"、"符号滤色器"和"符号样式器"工具产生作用，可指定它们调整符号组的方式。"用户定义"可根据光标位置逐步调整符号，"随机"会随机调整"符号"，"平均"会逐步平滑符号。

（5）符号喷枪选项：当在"符号工具选项"对话框中单击"符号喷枪"按钮时，如图 7-78 所示，"用户定义"表示为每个参数应用特定的预设值。

（6）符号缩放器选项：当选择"符号缩放器"工具时，"符号缩放器"选项会显示在"符号工具选项"对话框的"常规"选项中，如图 7-79 所示。"等比缩放"可使缩放时每个符号实例的形状一致，选中"调整大小影响密度"复选框后，可以使符号实例彼此远离；缩小时，可使符号实例彼此聚拢。

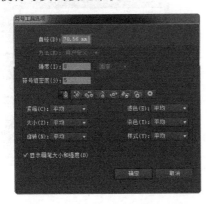

图 7-78　"符号工具选项"对话框

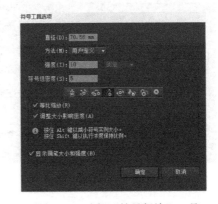

图 7-79　选择"符号紧缩"工具

（7）显示画笔大小和强度：选中此复选框后，光标在画面中会显示工具的实际大小。

案例 4　时尚花纹壁纸——符号工具组运用

制作分析

图 7-80 所示的壁纸是运用自定义的图形新建符号，并对符号进行编辑而得到的。制作时

需要把握图形的绘制，以及符号运用时的修改和编辑。

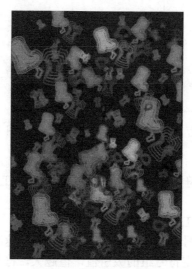

图 7-80　时尚花纹壁纸

操作步骤

（1）新建文件，参数设置如图 7-81 所示，命名为"壁纸"，A4 大小，CMYK 颜色模式。

（2）执行"窗口/符号库/时尚"命令，打开"时尚"符号面板，如图 7-82 所示。

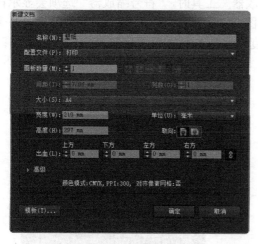

图 7-81　新建文档

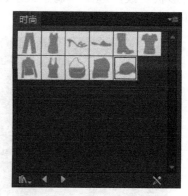

图 7-82　"时尚"符号面板

（3）拖动 3 个符号到绘图区中，并用"选择工具"框选 3 个符号，如图 7-83 所示。

（4）在"符号"面板中，单击"断开符号链接"按钮 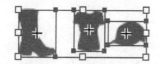，单独编辑符号，如图 7-84 所示。

图 7-83　拖动出符号

图 7-84　断开符号链接

（5）选择"靴子"符号，按住 Shift 键拖动定界框将其放大。将填充色去掉，描边色设为绿色，在"描边"面板中设置粗细为"2pt"。执行"对象/路径/偏移路径"命令，位移"5mm"，如图 7-85 所示。

（6）双击工具箱中的"混合工具" ，在弹出的"混合选项"对话框中设置"指定的步数"为"3"，如图 7-86 所示。

（7）单击靴子外框轮廓，然后单击里框轮廓，得到混合图形，如图 7-87 所示。

图 7-85　偏移路径　　　　　图 7-86　设定"混合选项"　　　　图 7-87　混合

（8）执行"对象/混合/扩展"命令，在图形上右击，执行"解散群组"命令，这样即可对靴子的每一步进行单独处理。

（9）选择最里面的靴子，设置填充为绿色，选择第二个靴子，设置描边粗细为 3pt，如图 7-88 所示。

（10）方法同上，设置帽子符号，并设置不同的偏移数和描边粗细，如图 7-89 所示。

（11）选择"短袖衬衫"并扩大，设置描边色为蓝色，描边粗细为 1pt，由于"短袖衬衫"扩展效果不好，所以这里采用复制、原位粘贴、缩小的办法。按 Ctrl+C 组合键复制，按 Ctrl+F 组合键粘贴到前面。按住 Alt 键和 Shift 键拖动定界框缩小复制的图形，如图 7-90 所示。

（12）以同样的方法混合，效果如图 7-91 所示。执行"对象/混合/扩展"命令，在图形上右击，执行"解散群组"命令，设置不同的描边粗细效果。

图 7-88　单独编辑　　　图 7-89　帽子　　　图 7-90　缩小复制　　　图 7-91　混合

（13）将图形进行复制、缩放和排列组合，得到如图 7-92 所示效果。

（14）使用"选择工具"框选图形，右击，执行"编组"命令，如图 7-93 所示。

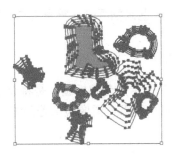

图 7-92　复制并组合　　　　　　　图 7-93　群组

（15）将群组的图形组拖入"符号"面板，新建符号，如图 7-94 所示。

（16）选择"符号工具" 📷 在绘图区域喷绘，如图 7-95 所示。

（17）分别运用"符号工具组"中的一系列工具，逐一调整符号，得到如图 7-96 所示效果。

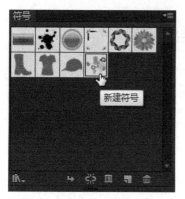

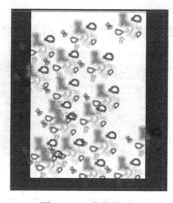

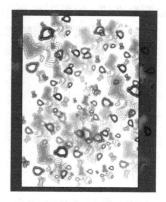

图 7-94　新建符号　　　　　　图 7-95　喷绘符号　　　　　　图 7-96　调整符号

（18）用"矩形工具"绘制一个与绘图区大小相同的矩形，同时框选矩形和符号图形，右击，执行"建立剪切蒙版"命令，如图 7-97 和图 7-98 所示。

（19）新建图层，放置在最下方，在新图层上绘制一个大小与绘图区相同的矩形，填充成红色，参考颜色值为 CMYK（15%，97%，41%，8%），如图 7-99 所示。保存文件，完成壁纸制作。

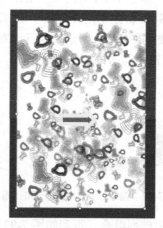

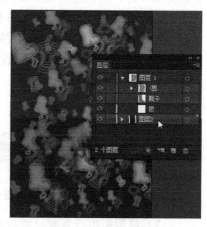

图 7-97　建立剪切蒙版　　　图 7-98　建立好剪切蒙版效果　　　图 7-99　绘制背景矩形

案例 2 ┃ 艺术插画——符号工具、蒙版运用

制作分析

图 7-100 所示为艺术插画，是将像素图照片与适量符号合成而得到的。这里制作的重点是符号的绘制与编辑。图像脸部若隐若现的图案也是绘制好符号并运用透明蒙版效果制作出来的。

图 7-100 艺术插画

操作步骤

（1）新建 A4 大小文件，横版█，颜色模式为 CMYK，其余参数默认。

（2）选择"椭圆形工具"，在绘图区单击，在弹出的对话框中输入宽度和高度，均为 40mm，绘制一个正圆，颜色设为洋红，无描边色，如图 7-101 所示。

（3）双击"旋转扭曲工具"█，在弹出的"旋转扭曲工具选项"对话框中设置全局画笔尺寸，将扭曲画笔大小设置得与圆相当，宽度、高度均为 40mm。在正圆上靠近边缘处按住鼠标左键，轻轻向里拖动，圆被扭曲成如图 7-102 所示的图形。

图 7-101 绘制正圆

图 7-102 扭曲正圆

（4）使用钢笔工具绘制如图 7-103 所示的水滴图形，填充颜色设为蓝色，无描边色。

（5）双击"旋转扭曲工具"，将画笔尺寸适当缩放到与水滴图形大小相当，在水滴图形头部单击并拖动，进行局部扭曲，如图 7-104 所示。

（6）同上，绘制其余图形，并拼合成如图 7-105 所示的图形组。

图 7-103 绘制水滴图形

图 7-104 扭曲水滴形

图 7-105 图形组

（7）将图形组拖入"符号"面板，新建符号。

（8）再用"工笔工具"绘制一组水滴图形，如图 7-106 所示。将其拖入"符号库"并新建符号，此时绘制的水滴图形组将变成符号。

（9）在"符号"面板中单击"断开符号链接"按钮 ⚡，将变成图形的水滴形状组的颜色改为深灰色，如图 7-107 所示。复制一个水滴形状组，将颜色改为浅灰色。分别将两个图形组拖入"符号"面板并新建符号，如图 7-108 所示。图形作为符号被保存起来，此时可将绘图区绘制好的图形全部删除。

图 7-106　水滴形状组　　　图 7-107　将颜色改为深灰色　　　图 7-108　新建符号

（10）置入文件资料"第 7 章画笔与符号/7.1 画笔编辑与使用技巧/艺术照"，将美女头像置入绘图区，放置在右下角，如图 7-109 所示。

（11）用"钢笔工具"绘制一个形状，作为蒙版，将眼睛、鼻子、嘴巴全部覆盖住，颜色设为黑色，如图 7-110 所示。

图 7-109　置入美女头像　　　　　　图 7-110　绘制黑色蒙版

（12）同时框选美女头像和绘制的图形，打开"透明度"面板，单击"制作蒙版"按钮，选中"剪切"和"反相蒙版"复选框，得到如图 7-111 所示效果。

（13）单击"透明度"面板中的"透明蒙版"缩略图，进入蒙版模式，如图 7-112 所示。

图 7-111　蒙版效果　　　　　　图 7-112　单击蒙版缩略图

（14）运用符号工具分别选择 4 种新建的符号并在蒙版中喷绘，并运用符号工具组中的工具进行调整，得到如图 7-113 所示效果。

（15）新建图层。分别运用两种新建的彩色符号进行喷绘，并运用符号工具组进行调整。将符号放置在合适位置，得到如图 7-114 所示效果。

图 7-113　蒙版效果

图 7-114　最终效果

（16）按 Ctrl+S 组合键保存文件，文件名为"艺术插画"，格式为*AI，保存在指定位置。

自我评价表

内容及技能要点	是否掌握		熟练程度		
	是	否	熟练	一般	不熟
符号面板运用：打开符号库					
符号面板运用：置入符号					
符号面板运用：断开符号链接					
符号选项：修改符号的名称和类型					
新建符号、删除符号					
符号喷枪工具喷绘符号、符号喷枪工具组调整符号					
符号工具选项设置与编辑符号					
案例 4 制作					
案例 5 制作					
自我总结在本节学习中遇到的知识、技能难点及是否解决					

总结：

　　"画笔工具"可以为路径描边，使其呈现不同的艺术效果，"符号工具"可以大量地运用软件自带或者自定义的图形。

　　学习本章内容，应该掌握新建画笔的方法，新建书法画笔、散点画笔、毛刷画笔、图案画笔、艺术画笔，利用新建的画笔描边路径以制作效果。由于图案画笔是比较难掌握的部分，所以案例中介绍了较多的图案画笔的运用。本章也介绍了"符号"的定义与新建，要求学习者不仅能灵活运用"符号"面板以及"符号库"中的大量符号，还能对这些符号进行独立的编辑，掌握自定义新建符号的方法。此外，学习者应该学会使用符号工具组中的工具对符号进行修改和编辑，使符号得到不同的效果。

第 8 章

文本工具与封套扭曲命令应用

文本工具用于创建文本和编辑文本，本章要求学习者掌握使用文本工具创建文本，以及运用封套扭曲工具制作扭曲的艺术文字。在掌握工具的同时，学习者还应了解和掌握排版的一些基础知识。同时，Illustrator CC 新增了区域文字工具，可以对段落文字中的个别文字进行单独调整，本章会做详细的讲解。

8.1 创建与编辑文本

Illustrator 的文字功能是其最强大的功能之一。文本在平面设计中是除了图形以外最重要的元素，可以在图稿中添加一行文字、创建文本列和行、在形状中或沿路径排列文本及将字形用作图形对象。

1. 导入导出文本

Illustrator 可以直接将 Word 及 TXT 文本打开，也可以选择相应的文本导入新文件。

1）将 Word 文本置入到 Illustrator 文件中

（1）直接执行"文件/打开"命令，选择要打开的文本文件，单击"打开"按钮，在弹出的"Microsoft Word 选项"对话框中选中包含的内容，如图 8-1 所示。"移去文本格式"用于将原文件的文本格式清除。

（2）将文本导入到现有文件中。执行"文件/置入"命令，选择要导入的文本文件，单击"置入"按钮。此时也将弹出"Microsoft Word 选项"对话框。

2）将纯文本（.txt）文件置入到 Illustrator 文件中

执行"文件/打开"和"文件/置入"命令，选择需要打开或导入的文件，都将弹出"文本导入选项"对话框，如图 8-2 所示，指定用于创建文件的字符集和平台，在"额外回车符"选项组中确定 Illustrator 在文件中如何处理额外的回车符。在"额外空格"选项组中输入要用制表符替换的空格数，可用制表符替换文件中的空格字符串。

图 8-1 "Micro soft Word 选项"对话框

图 8-2 "文本导入选项"对话框

3）导出文本的方法

（1）使用"选择工具"选择要导出的文本段落，或者使用"文字工具"选择需要导出的文本。

（2）执行"文件/导出"命令，在弹出的"导出"对话框中选择文件位置，并输入文件名。选择文本格式（*.TXT）作为文件格式，单击"导出"按钮。

（3）在弹出的"文本导出选项"对话框中选择平台和编码，单击"导出"按钮，如图 8-3 所示。

图 8-3 "文本导出选项"对话框

2．文字工具组输入文字

1）文字工具 ■ （T）

选择"文字工具"，光标在绘图区中显示为 符号，在绘图区单击，当出现跳动的竖线符号时，输入文字。如果使用"文字工具"在绘图区框选，则会出现段落框，在段落框中可输入段落文字。

2）区域文字工具 ■

（1）选择"区域文字工具"，光标在绘图区中显示为 符号。

（2）绘制闭合路径，在路径上单击，输入多行段落文字。输入的文字达到设定的宽度时，会自动产生换行。例如，绘制一个五角星，将填充色和描边色都去掉，选择"区域文字工具"在五角星的路径上单击，输入文字，文字段落在五角星内部自动排列，如图 8-4 所示。

（3）注意，如果右下角出现红色标记 ，则说明文字没有完全显示，此时可拖动五角星定界框将其放大，直到红色标记消失。也可以用"选择工具"单击红色加号，单击后光标变成 ，在画布其他地方单击，会出现一个大小相同的段落框，可放置超出的文字。单击红色加号，并在其他地方拖动，可以自定义新的段落框的大小，如图 8-5 所示。

3）路径文字工具

选择"路径文字工具"，光标变成 ，在绘制好的路径上单击，可使文字沿着路径走，如图 8-6 所示。同样，如果出现红色加号标记，则说明文字没有完全显示，若此时拖动定界框，则文字跟随定界框一起放大，被隐藏的部分还是无法显示。可单击红色加号，当光标变成 时在附近单击，使文字跟随。

图 8-4　区域文字

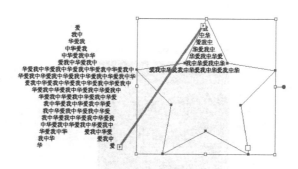

图 8-5　文字跟随

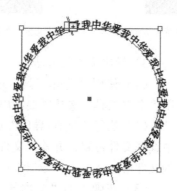

图 8-6　路径文字

 提示

　　路径文字未布满路径时，开头、中间和末尾有 3 条细竖线，当用直接选择工具靠近时，拖动竖线，可以设置文字的起点及文字的末端，选中中间的细线还可以对文字进行移动、垂直翻转，如图 8-7 所示。同时，路径文字的垂直翻转也可以通过菜单来实现。

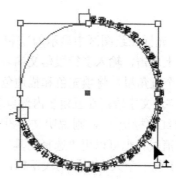

图 8-7　拖动竖线

4）直排文字工具
选择"直排文字工具"，光标变成，在画布上单击即可创建直排文字，如图 8-8 所示。

5）直排区域文字工具
选择该工具，光标变成，单击一个闭合路径，可使直排文字限制在闭合路径之内，如图 8-9 所示。

6）直排路径文字工具

选择该工具，光标变成 ，单击路径可使直排文字沿路径跟随。

7）修饰文字工具

该工具是 Illustrator CC 新增的工具。选择该工具可以选择每个字符，使每个字符都可以单独地进行缩放、旋转等编辑，如图 8-10 所示。

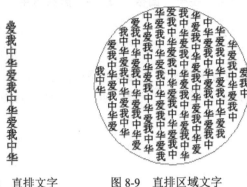

图 8-8　直排文字　　　　图 8-9　直排区域文字　　　　图 8-10　修饰文字

3. 字符、段落面板

1）字符面板

执行"窗口/文字/字符"命令，打开"字符"面板，它是主要的文字编辑区域，大部分改变文字外观的选项都在这里，如图 8-11 所示。

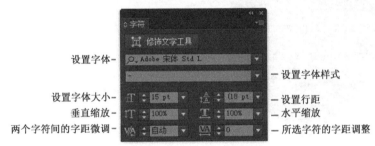

图 8-11　"字符"面板

2）段落面板

执行"窗口/文字/段落"命令，打开"段落"面板，"段落"面板用来定义段落文字的格式，包括缩进、对齐方式、段落间距等，如图 8-12 所示。

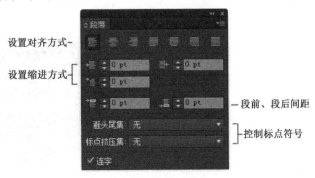

图 8-12　"段落"面板

"避头尾集"及"标点挤压集"可以控制标点符号，避免在每行开头或结尾出现标点符号，并使标点符号自动对齐。英文等单词超出的字母换行时允许用连字符连接，但是连字符是基于当前选中的语言来确定的，所以务必确保在"字符"面板中选择了与输入文字相对应的语言。

案例 1 | 地球是生命之源——文字工具与"字符"面板、"段落"面板运用

制作分析

图 8-3 所示为文字输入效果，运用了"直排区域文字工具"、"路径文字工具"，个别文字运用了"修饰文字工具"，对文字字体的调整运用到了"字符"面板，段落的调整运用到了"段落"面板。

操作步骤

（1）新建 A4 大小文件，CMYK 颜色模式，横版。

（2）选择"椭圆形工具"，按住 Shift 键绘制一个正圆。选择"转换锚点工具"，在圆形下方的锚点上单击，如图 8-14 所示。

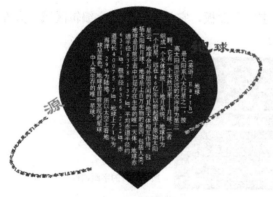

图 8-13　地球是生命之源

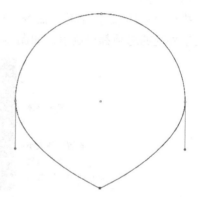

图 8-14　转换点

（3）选择"直接选择工具"选中下方的锚点。按住 Shift 键向下垂直拖动，得到如图 8-15 所示的效果。

（4）将图层 1 重命名为"水滴形"并复制该图层，并锁定"水滴形"图层，如图 8-16 所示。

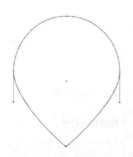

图 8-15　垂直拖动锚点

图 8-16　复制图层

（5）打开本章配套素材里的 Word 文档"地球是我们的生命之源"，并将其中的正文文字选中，按 Ctrl+C 组合键复制到剪贴板上。

（6）选择"直排区域文字工具"在水滴形副本上单击，水滴形变成可输入文字的区域，此时按 Ctrl+V 组合键，将剪贴板上的文字粘贴到水滴形区域之内，如图 8-17 所示。

（7）按住 Shift 键向外拖动定界框，使水滴形区域扩大，直到红色加号消失，如图 8-18 所示。

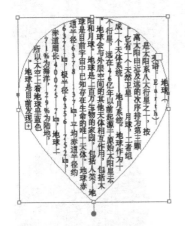 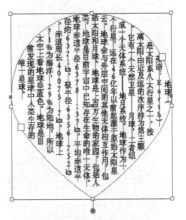

图 8-17 复制文字到水滴形区域中　　　　　图 8-18 拖动定界框显示全部文字

（8）将"水滴形"图层解锁，并将水滴形填充成蓝色，边框色为无，选中文字，将填充色设置为白色。此时放大观察，文字会出现标点符号位置不对的情况，如图 8-19 所示。

（9）选择"文字工具"反白选中所有文字，如图 8-20 所示。

图 8-19 符号位置出错　　　　　　　图 8-20 选中文字

（10）打开"段落"面板，选择"居中对齐" ，设置"避头尾集"为"严格"，设置"标点挤压集"为"行尾挤压半角"，如图 8-21 所示。设置好后标点符号的位置即可，如图 8-22 所示。

（11）将"水滴形图层"和"水滴形副本图层"锁定。新建图层并命名为"轨道"。绘制椭圆形，并选择"路径文字工具"在椭圆形路径上单击，如图 8-23 所示。

（12）在路径上输入文字"地球是我们生命之源"，并选中文字，复制粘贴多次，并用"选择工具"单击路径上的文字，调节路径文字上的 3 条竖线，如图 8-24 所示。

图形图像处理（Illustrator CC）

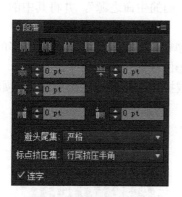

图 8-21　"段落"面板

图 8-22　调整"段落"后的效果

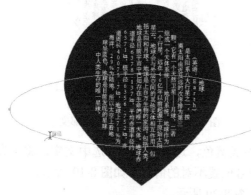

图 8-23　使用"路径文字工具"在椭圆形上单击

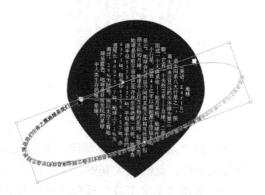

图 8-24　输入文字

（13）选择"文字工具"，将光标定位在路径下方中间部分并多次按空格键，如图 8-25 所示，使文字中间形成一定的空间，最终得到如图 8-26 所示的效果。

图 8-25　按空格键间隔文字

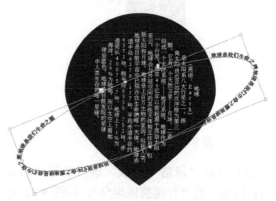

图 8-26　路径文字效果

（14）打开"字符"面板，设置字体为"隶书"，字号为 12pt，如图 8-27 所示。

（15）选择"修饰文字工具"，在路径起点位置的"地"、"球"两个字上分别单击，拖动定界框右上角的点，将文字变大，并设定颜色，如图 8-28 所示。再单击并调整终点的"源"字，设置颜色。

（16）选中与水滴形状相交部分的文字，将该部分文字改为白色，如图 8-29 所示。

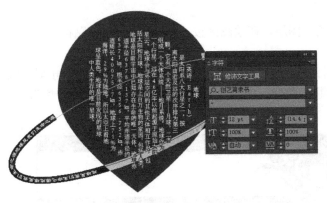

图 8-27 "字符"面板　　　　　　图 8-28 修饰文字　　图 8-29 修改文字颜色

（17）完成整张图的制作，保存文件。

案例2 ▎ 菜单制作——文字排版功能运用

制作分析

Illustrator 有强大的文字排版功能，这里仅仅运用到了比较简单的"区域文字工具"、"段落"面板和"修饰文字工具"。这里给出的示例如图 8-30 所示。

图 8-30 菜单

操作步骤

（1）新建 A4 大小文件，竖版，颜色设置为 CMYK，命名为"菜单"。

（2）选择"矩形工具"绘制一个和绘图区大小相同的矩形，并填充成紫色，参考颜色值为 CMYK（49%，100%，68%，14%），锁定该图层。

（3）新建图层，命名为"标题"。

（4）打开本章配套文件中的"菜单素材/中国祥云图"，选择一个祥云，按 Ctrl+C 组合键复制到剪贴板中。

（5）重新回到菜单文件，选择"标题"图层，在绘图区按 Ctrl+V 组合键粘贴祥云，将颜色改为白色，如图 8-31 所示。

（6）绘制矩形，并将两个图形同时选中，打开"路径查找器"面板，单击"分割"按钮 🔳，在图形上右击，执行"解散群组"命令，将选中部分删除，制作出"标题栏"，如图 8-32 所示。

图 8-31　祥云图

图 8-32　"标题栏"设计

（7）输入文字"中华美食汇"，在"字符"面板中设置字体为"隶书"，字号为"24pt"，将其放置在"标题栏"处，如图 8-33 所示。

图 8-33　输入文字

（8）绘制一个正方形，填充成白色，并按住 Alt 键复制两次，选中全部图形，单击"对齐"面板中的"水平居中对齐"按钮 🔳 和"垂直居中分布"按钮 🔳，使 3 个矩形对齐，如图 8-34 所示。

（9）分别置入 3 张"文字练习/菜单素材"中的材料图片，旋转、缩放、调整图片，并运用剪切蒙版将多余部分遮盖，如图 8-35 和图 8-36 所示。

图 8-34　排列矩形

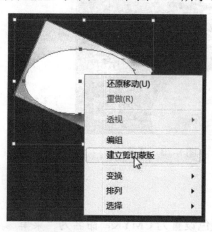
图 8-35　制作剪切蒙版

图 8-36　剪切蒙版效果

（10）将遮罩好的图片放置在白色矩形中间，排列好，如图 8-37 所示。

（11）在图片左侧分别绘制 3 个相同矩形，作为区域文字使用，如图 8-38 所示。

图 8-37 排列图片

图 8-38 绘制文字区域

（12）选择"区域文字工具"，在 3 个矩形上依次单击并输入以下文字："鲜嫩无比、酸甜可口，外焦里嫩。肉质鲜美，且无腥味，可以开胃。色泽金黄，甜咸适口。"；"邵阳创新菜。咸鲜香辣，外酥里嫩。"；"麻婆豆腐为川菜中经典佳肴。原料由豆腐构成，其特色在于麻、辣、烫、香、酥、嫩、鲜、活八字，称之为八字箴言。"。将文字设置为白色，在属性栏或"字符"面板中设置字体为"宋体"，字号为"12pt"。调整区域大小，使文字全部显示出来。

（13）打开"段落"面板，按图 8-39 微调段落文字，使标点符号位置正确。

图 8-39 "段落"面板（局部）

（14）此时若出现排版效果欠佳的情况，则可以通过手动微调，例如，图 8-40 所示的文字段落第二行仅有一个字，影响了整体效果。用"文字工具"将整段字反白选中，按 Alt 键和左方向键微调，文字可向里紧缩。紧缩后效果如图 8-41 所示。

图 8-40 文字多行   图 8-41 文字收缩

（15）微调后的整体效果如图 8-42 所示。

（16）选择"文字工具"，输入文字"糖醋鱼"，并反白选中文字。打开"字符"面板，或在上方的属性栏中设置字体为"隶书"，字号为"24pt"，颜色为黄色。

（17）选择"修饰文字工具"，将"糖"字放大并旋转，如图 8-43 所示。

（18）分别输入"掌中宝"、"麻婆豆腐"，保持文字为选中状态，用"吸管工具"在"糖醋鱼"上单击，将"糖醋鱼"的文字特征引用到"掌中宝"和"麻婆豆腐"上，分别用"修饰文字工具"将"掌"和"麻婆"放大、旋转，效果如图 8-44 所示。

图 8-42 微调后的整体效果

图 8-43 修饰文字"糖"

（19）再次置入一个图片并放置在右下角，调整大小，绘制白色矩形框并放置在下面。选择"直排文字工具"按下方图片宽度拖动出一个文本框，并输入文字："菜单，粤语称为餐牌、菜牌，是餐厅供顾客在进餐时选择所进食菜色的工具，一般分套餐或散餐两种，然后视乎时间和情况再分门别类。"，设置文字大小为"12pt"，字体为"隶书"，颜色为白色，如图 8-45 所示。

（20）用"修饰文字工具"分别单击"菜"、"单"两个字并将它们放大，设置颜色为黄色，如图 8-46 所示。

图 8-44 修饰文字

图 8-45 输入直排文字

图 8-46 修饰文字"菜单"

（21）再次置入一个美食图片，放置在左下方。在图片上绘制一个图形，其大小与显示在绘图区的盘子大小相同，作为蒙版图形，如图 8-47 所示。

（22）同时框选图片和绘制的图形，右击，执行"建立剪切蒙版"命令，得到如图 8-48 所示效果。

图 8-47 绘制蒙版图形   图 8-48 建立剪切蒙版

（23）输入菜价，并对齐排列。

（24）保存文件。

 思考与练习

（1）输入文字"平面设计"并设置字体为"华文彩云"，字号为"50pt"，并将"设"字变大旋转，为每个文字设置不同的颜色，如下图所示。

（2）通过文字跟随，制作下列两个路径文字。

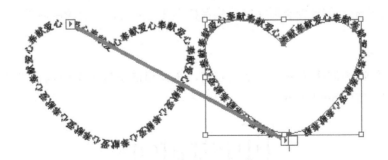

（3）自己设计一个菜单的封面和内页的排版。

自我评价表

内容及技能要点	是否掌握		熟练程度		
	是	否	熟练	一般	不熟
将 Word 文本置入到 Illustrator 文件中					
将纯文本（.txt）文件置入到 Illustrator 文件中					
导出文本					
"文字工具"应用：输入横排文本					
"区域文字工具"应用：区域横排文本输入					
"路径文字工具"应用：沿路径输入文本					
"直排文字工具"应用：输入直排文本					
"直排区域文字工具"应用：区域直排文本输入					
"直排路径文字工具"应用：沿路径输入文本					
"修饰文字工具"应用：单个文字的调整					
"字符"、"段落"面板应用					
案例 1 制作					
案例 2 制作					
思考与练习					
自我总结在本节学习中遇到的知识、技能难点及是否解决					

8.2　艺术字体表现

1．文字创建轮廓

为文字创建轮廓即"转曲"，是指将文字转化成路径轮廓图形，在印刷时，创建轮廓的文字可以保持形状不变，不会根据字体的改变而改变，例如，原本文字为"华文行楷"，如果不创建轮廓，在一台没有安装"华文行楷"字体的计算机中将文件打开，则字体会被其他字体替代，从而导致变形。创建轮廓后文字形状保持不变。同时，创建轮廓后无法修改字体。

方法：

（1）输入文字。

（2）执行"文字/创建轮廓"命令或右击，在弹出的快捷菜单中执行"创建轮廓"命令（Shift+ Ctrl+O），如图 8-49 所示。

图 8-49　创建轮廓

2．制作封套

1）用变形建立

（1）输入文字后，属性栏上会显示"制作封套"按钮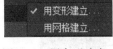，单击按钮后面的三角形按钮，选择"用变形建立"选项，如图 8-50 所示，单击"制作封套"按钮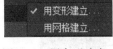，弹出"变形选项"对话框，如图 8-51 所示。

（2）"样式"下拉菜单中有 15 种样式，选择这些样式，在对话框中调整数值，文字会变形成不同的效果。例如，选择"弧形"选项后的效果如图 8-52 所示。

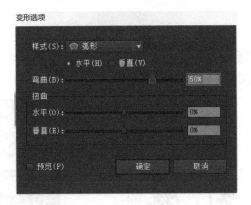

图 8-50　用变形建立　　　　图 8-51　"变形选项"对话框　　　　图 8-52　文字效果

2）用网格建立

（1）选择"用网格建立变形"选项，"制作封套"按钮变为，单击"制作封套"按钮，弹出"封套网格"对话框，如图 8-53 所示。

（2）设定相应的行数和列数后文字上出现网格，如图 8-54 所示。

（3）用"直接选择工具"或"套索工具"选中网格上的锚点，通过调整锚点达到文字变形的效果，如图 8-55 所示。

图 8-53　封套网格　　　　图 8-54　文字上添加网格　　　　图 8-55　文字变形效果

案例 3　┃┃ 文字"一团乱麻"——文字、符号及画笔工具运用

制作分析

图 8-56 所示的文字运用了文字工具，将文字转化为轮廓后运用符号、描边等面板结合画笔工具共同完成。

图 8-56　艺术文字

操作步骤

（1）用"文字工具" **T** 输入文字"一团乱麻"，在"字符"面板中设定文字为"华文行楷"，大小为"120pt"，如图 8-57 和图 8-58 所示。

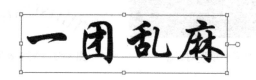

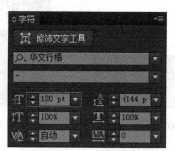

图 8-57　输入文字

图 8-58　编辑文字

（2）执行"文字/创建轮廓"命令（Shift+Ctrl+O），将文字转曲，如图 8-59 所示。

（3）右击，弹出快捷菜单，执行"取消编组"命令，将文字打散，如图 8-60 所示。

图 8-59　创建轮廓

图 8-60　取消编组

（4）用"钢笔工具"在"团"字上方绘制一个形状，刚好将"团"字覆盖住，如图 8-61 所示。

（5）同时选中绘制的图形和"团"字，如图 8-62 所示。

（6）打开"路径查找器"面板，单击"交集"按钮，如图 8-63 所示。

图 8-61　绘制形状

图 8-62　选中对象

图 8-63　单击"交集"按钮

（7）打开"符号"面板，单击按钮▼≡，执行"打开符号库/污点矢量包"命令。选择"污点矢量包 01"并将其拖入绘图区，单击"符号"面板下方的"断开链接"按钮✤，如图 8-64 所示。

（8）用"直接选择工具"▶框选中间的圆点，如图 8-65 所示，按 Delete 键删除圆点，如图 8-66 所示。

图 8-64　置入符号并断开链接　　　图 8-65　选中圆点　　　图 8-66　删除圆点

（9）将圆圈符号放在"才"字上并调整位置，如图 8-67 所示。

（10）用"选择工具"按住 Shift 键并选中其余几个文字，执行"对象/路径/偏移路径"命令，设置位移为"–1mm"，将原来的文字路径删除，保留偏移过的路径，如图 8-68 所示。

图 8-67　拼贴文字　　　　　　　图 8-68　偏移路径

（11）选择"画笔工具"🖌️，在"画笔"面板上选择"基本"画笔，如图 8-69 所示，在"乱"字和"麻"字上绘制线条，如图 8-70 所示。

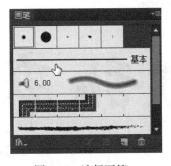 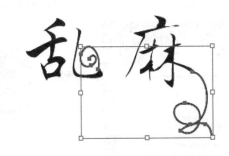

图 8-69　选择画笔　　　　　　　图 8-70　绘制线条

（12）设定描边粗细为"2mm"，同时选中两个线条，执行"对象/扩展"命令，弹出"扩展"对话框，如图 8-71 所示，选中"填充"和"描边"复选框。

（13）用"直接选择工具"调整曲线上的锚点，使文字和扩展后的线条结合得自然一些，如图 8-72 所示。

（14）用"选择工具"同时框选"乱"字和线条，在"路径查找器"面板中单击"联级"

按钮 ，将文字和线条合并，并用"直接选择工具"调整曲线，如图 8-73 所示。

图 8-71 "扩展"对话框

图 8-72 调整锚点

（15）方法相同，将"麻"字也调整好，如图 8-74 所示。

图 8-73 联级

图 8-74 调整"麻"字

（16）用"选择工具"按住 Shift 键，同时选中调整好的"一"字、"乱"字和"麻"字，选择"画笔"面板上的"炭笔-羽毛"画笔，如图 8-75 所示。

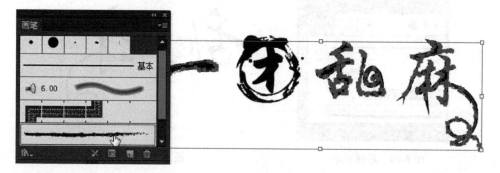

图 8-75 选择画笔

（17）最终得到如图 8-76 所示的效果。

（18）在指定位置保存文件。

案例 4 ┃ 酷炫 POP 文字——制作封套工具运用

◉ 制作分析

文字经过网格变形和转化成轮廓后，可得到新的文字效果，如图 8-76 所示。

图 8-76 酷炫文字

◉ 操作步骤

（1）新建宽 160mm、高 80mm 的文件。

（2）输入大写英文字母"GOOD"，按图 8-77 进行设置。

（3）使用"选择工具"选中文字，在属性栏上单击按钮▦，选择"用网格建立"选项，图标变成"网格制作封套"图标▦，如图 8-78 所示。

（4）单击"网格制作封套"图标▦，设置网格的行数为 4、列数为 4，并用"直接选择工具"调整网格上的锚点，如图 8-79 所示。

图 8-77 输入文字并编辑　　　图 8-78 建立封套扭曲　　　图 8-79 调整锚点扭曲文字

（5）执行"对象/扩展"命令，弹出"扩展"对话框，如图 8-80 所示。

（6）将文字扩展为路径对象并右击，弹出快捷菜单，执行"取消编组"命令将文字打散，如图 8-81 所示。

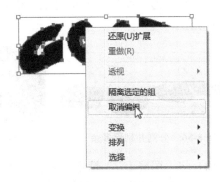

图 8-80 "扩展"对话框　　　图 8-81 取消编组

（7）分别运用"直接选择工具"和"选择工具"对单个文字进行调整，得到如图 8-82 所示效果。

（8）同时选中几个字母，按 Ctrl+G 组合键编组。

（9）设定从浅蓝色到深蓝色的渐变填充，如图 8-83 所示。

图 8-82　调整文字

图 8-83　渐变填充

（10）在"图层"面板上将"图层 1"拖动至"新建图层"按钮 上，复制出副本"图层 1…"，并锁定"图层 1"，如图 8-84 所示。

（11）绘制一个曲线图形，如图 8-85 所示，将其填充成白色。

图 8-84　复制图层 1

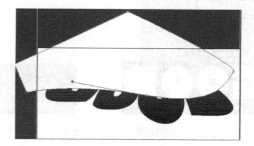

图 8-85　绘制曲线

（12）同时选中文字和图形，打开"路径查找器"面板，单击"分割"按钮 ，并在图形上右击，执行"取消编组"命令。将不需要的部分删除，得到如图 8-86 所示图形。

（13）在"透明度"面板中将混合模式设为"叠加"，不透明度为"70%"，如图 8-87 和图 8-88 所示。

图 8-86　分割并删除多余

图 8-87　设定透明度

图 8-88　透明效果

（14）将"图层 1…"锁定，并将"图层 1"解锁，如图 8-89 所示。

（15）选择"图层 1"中的文字，执行"对象/路径/偏移路径"命令，位移为 3mm，将偏移的路径设置为白色，如图 8-90 所示。

（16）再次执行"对象/路径/偏移路径"命令，位移为 2mm，设置偏移的路径为灰色，如

图 8-91 所示。

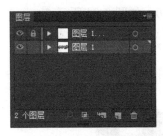

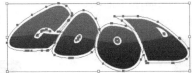

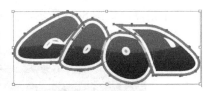

图 8-89 解锁"图层 1"　　　　图 8-90 设置"偏移路径"　　　　图 8-91 再次保存文件"偏移路径"

（17）在指定位置保存文件。

案例 5 时尚海报文字——制作封套、符号工具运用

制作分析

POP 文字作为时尚元素，已运用在各个领域，如 T 恤衫、海报等。图 8-92 所示的时尚海报运用夸张的色彩、文字、符号等组合成了比较个性的效果。文字部分运用了"制作封套"进行扭曲，并分别填充渐变色。同时，绘制了符号，运用"符号"面板和符号工具调整符号效果，使整个组合看上去更时尚。

图 8-92 时尚海报文字

操作步骤

（1）新建 A4 大小文件，横向，CMYK 色彩模式。

（2）输入英文字母"music"，字体为"Broadway"，颜色为黑色。用"选择工具"点选文字并按住 Shift 键拖动定界框一角，使文字放大到合适大小。

（3）选择"修饰文字工具"，将"m"和"c"字母分别放大和旋转，如图 8-93 所示。

图 8-93 修饰文字

（4）用"选择工具"点选字母"music"，在属性栏上选择"用网格建立"选项，单击按钮，在弹出的"封套网格"对话框中设定网格行数、列数均为10，如图8-94所示。

（5）用"直接选择工具"，按住 Shift 键，选择网格上的锚点。每一栏选择第 2、4、6、8 个锚点，如图8-95所示，并向外轻微水平拖动。

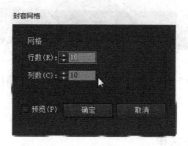

图8-94　"封套网格"对话框

图8-95　调整锚点

提示

选择间隔的锚点后，可用键盘上的方向键进行微调，将锚点向左调出。

（6）依次对所有列上的锚点进行调整，如图8-96所示。

图8-96　调整所有锚点

（7）执行"对象/扩展"命令，在弹出的"扩展"对话框中选中"对象"、"填充"复选框，并单击"确定"按钮。

（8）在扩展过的字母图形上右击，执行"解散群组"命令，并分别调整字母之间的距离和放置的位置，如图8-97所示。再次选择所有字母并右击，执行"编组"命令。

图8-97　取消编组并调整字母

（9）执行"对象/路径/偏移路径"命令，设置偏移位移为"2mm"，如图8-98所示。

（10）右击，执行"取消编组"命令，按住 Shift 键依次将其中的字母选中，如图 8-99 所示。

（11）设置渐变色，如图8-100所示。

（12）将字母"m"选中，设置渐变色，如图8-101所示。

（13）将字母"s"选中，用"吸管工具"在字母"m"上单击，吸取字母"m"的渐变色，如图 8-102 所示。

图 8-98　偏移路径　　　　　　　　　　　　　　　图 8-99　选中字母

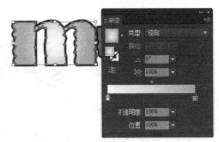

图 8-100　设置渐变色　　　　　　　　　　　　图 8-101　设置"m"渐变色

（14）用"选择工具"选中黑色的字母"s"，右击，执行"排列/前移一层"（Ctrl+]）命令，如图 8-103 所示。将黑色的字母"s"放置在"u"字母上方。

图 8-102　改变"S"的渐变　　　　　　　　图 8-103　黑色"S"前移一层

提示

若执行一次"前移一层"命令不能使字母前移，则可多次按组合键（Ctrl+]），直到其前移到指定位置，如图 8-104 所示。

图 8-104　"s"前移后的效果

（15）用"选择工具"同时框选字母"s"，将上下两层"s"字母选中后按住 Shift 键放大，如图 8-105 所示。

图 8-105　放大"s"

（16）选择黑色的字母"i"，多次按组合键（Ctrl+]），将黑色的字母"i"向前移动，如图 8-106 所示。

（17）同时选中所有字母，右击并执行"编组"命令。

（18）选择"倾斜工具" ，按住 Alt 键，在字母中心单击，弹出"倾斜"对话框，设置倾斜角度为"20°"，如图 8-107 所示。

图 8-106　前移"i"

图 8-107　设置"倾斜"参数

（19）倾斜文字，如图 8-108 所示。

（20）新建图层，放置在字母图层的下方。

（21）绘制一个圆环，填充色为无，描边色为深蓝色。按 Ctrl+C 组合键复制，按 Ctrl+F 组合键粘贴到前面，按 Alt+Shift 组合键将复制的圆缩小，更改描边色。以同样的方法复制另一个圆。同时选中所有圆，拖入"符号"面板并新建一个符号，如图 8-109 所示。

图 8-108　倾斜文字

图 8-109　新建符号

（22）选择"符号喷枪工具"喷绘符号，并重复运用符号工具组中的一些列符号，对喷绘的符号进行"缩放"、"位移"、"着色"等调整，得到如图 8-110 所示符号。

（23）执行"窗口/符号库/污点矢量包"命令，选中其中的"污点矢量包 08"、"污点矢量包 09"、"污点矢量执行包 11"，将其拖入绘图区，如图 8-111 所示。

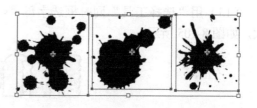

图 8-110　喷绘符号

图 8-111　拖入符号

（24）在"符号"面板中单击"断开符号链接"按钮，分别编辑符号的大小和颜色，将其放置在合适位置，如图 8-112 所示。

（25）调整细节，得到最终效果，如图 8-113 所示，保存文件到指定位置。

图 8-112　编辑符号　　　　　　　　　　　　　图 8-113　调整细节

思考与练习

（1）运用"文字工具"及"混合工具"完成下列艺术文字的制作。

（2）运用"文字工具"及"色板"面板中的图案填充，完成下列海报（主题为"爱护动物"）的设计制作。

自我评价表

内容及技能要点	是否掌握		熟练程度		
	是	否	熟练	一般	不熟
文字创建轮廓					
"用变形建立"文字封套应用					
"用网格建立"文字封套应用					
案例 3 制作					
案例 4 制作					
案例 5 制作					
思考与练习					
自我总结在本节学习中遇到的知识、技能难点及是否解决					

8.3　封套扭曲

"封套扭曲"命令可以使图形对象基于一个路径生成路径的形状，还可以将图形对象做成具有褶皱或卷曲的效果。

1．直接对图形进行封套扭曲

（1）绘制一个形状，执行"对象/封套扭曲"命令，弹出其子菜单，如图 8-114 所示。

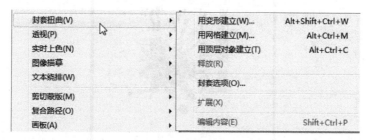

图 8-114　"封套扭曲"子菜单

（2）执行"用变形建立"命令，在弹出的"变形选项"对话框中设定参数，对图形进行一定的变形，如图 8-115 所示。在"样式"下拉列表中可以选择所需要的特殊样式。选中"预览"复选框，可以预览设定参数后的图形变形效果。

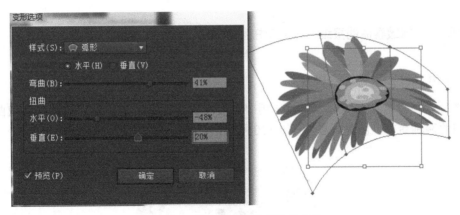

图 8-115 设定"变形选项"的参数

（3）执行"用网格建立"命令，在"封套网格"对话框中设定网格的行数和列数，通过拖动网格的锚点来达到变形的效果，如图 8-116 所示。

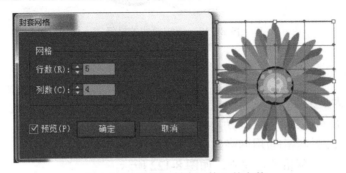

图 8-116 设定"封套网格"的参数

2. 用顶层对象建立封套

（1）置入一个图形，如图 8-117 所示。

（2）绘制一个图形放置在上方，如图 8-118 所示。

（3）用"选择工具"同时选中两个图形。执行"对象/封套扭曲/用顶层对象建立"命令（Ctrl+Alt+C），下层图形将以上层图形的形状为封套进行扭曲，如图 8-119 所示。

图 8-117 置入图形　　　　　图 8-118 绘制图形　　　　　图 8-119 封套图形

案例6 褶皱卷曲的报纸——封套扭曲运用

制作分析

对图片素材进行扭曲处理，可以运用"封套扭曲"操作。这里运用的是网格扭曲及用顶层对象扭曲两种命令。图片效果如图 8-120 所示。

图 8-120　褶皱卷曲的报纸

操作步骤

（1）新建 A4 大小文件，横向。

（2）绘制一个矩形，如图 8-121 所示。

（3）执行"对象/封套扭曲/用网格建立"命令，在弹出的"封套网格"对话框中，行数设为 8、列数设为 8，封套网格即可建立，如图 8-122 所示。

图 8-121　绘制矩形

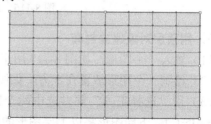

图 8-122　建立封套网格

（4）用"直接选择工具"将最右边的一排锚点选中，向里拖动，实现卷曲效果，如图 8-123 所示。

（5）调整锚点上的方向线，使卷曲看上去更自然，如图 8-124 所示。

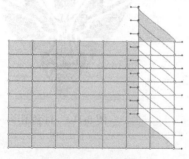

图 8-123　调整锚点

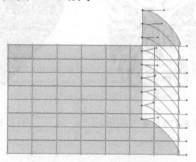

图 8-124　调整锚点方向线

（6）再次逐个随意地调整各个锚点，实现不规则褶皱效果，如图 8-125 所示。

（7）执行"文件/置入"命令，将"封套扭曲"文件夹中的报纸图片置入到绘图区中，如图 8-126 所示。

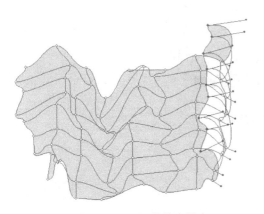

图 8-125　调整其余锚点

图 8-126　置入报纸

（8）右击，执行"排列/置于底层"命令，如图 8-127 所示。

（9）执行"对象/封套扭曲/封套选项"命令，如图 8-128 所示，在"封套选项"对话框中按照图 8-128 进行设置。

图 8-127　置于底层

图 8-128　参数设置

提示

"剪切蒙版"用于将折叠部分，即如图 8-125 所示的白色部分遮罩掉，"透明度"用于将进行封套扭曲后白色部分的图案显示出来。所以此处选中"透明度"单选按钮。

（10）同时选中图片和网格扭曲过的图形，执行"对象/封套扭曲/用顶层对象建立"命令，效果如图 8-129 所示，设计完成后保存文件。

图 8-129　最终效果

思考与练习

执行"封套扭曲"命令完成下列图形的制作。

自我评价表

内容及技能要点	是否掌握		熟练程度		
	是	否	熟练	一般	不熟
执行"对象/封套扭曲"命令					
"用变形建立"命令封套及对变形样式进行选择					
"用网格建立"封套及调整应用					
用顶层对象建立封套					
案例 6 制作					
思考与练习					
自我总结在本节学习中遇到的知识、技能难点及是否解决					

总结: ....

Illustator 不仅有强大的矢量图处理功能，还有灵活的文字编辑功能。"封套扭曲"命令可以对图形进行扭曲，按照设计者的意愿设计出特殊的图形效果。本章重点对"文字工具"、"字符"面板、文字的创建轮廓命令、文字的"封套扭曲工具"以及图形的"封套扭曲"命令进行了多方面的阐述。通过案例和练习，学习者应能够初步了解和掌握这些工具及命令的具体用法。文字工具和封套扭曲工具的功能还有很多，希望学习者能够举一反三，加强练习，并通过课后的钻研，掌握更多的功能运用。

第 9 章

"效果"菜单和透视网格工具应用

本章分析了"效果"菜单的各种样式效果、透视网格工具的具体用法。学习完本章后，学习者应该了解"效果"菜单的作用，了解各个菜单的不同效果，掌握"效果"菜单的执行操作，并根据"效果"菜单命令制作相应的案例，掌握透视网格的具体用法，运用透视网格制作出建筑的效果图。

9.1 "效果"菜单中的命令

"效果"菜单上半部分的效果是 Illustrator 矢量效果，下半部分是 Photoshop 像素效果。可以将它们应用于矢量对象或位图对象。选择对象，执行"效果/…"命令即可实现效果，如图 9-1 所示。

打开"外观"面板，选择的效果将会在"外观"面板中出现，如图 9-2 所示。同时，单击下方的"添加新效果"按钮 fx.，也将弹出"效果"菜单，如图 9-3 所示。

提示

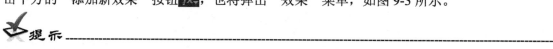

如果需要修改一个对象的单独属性（如"填色"或"描边"）的应用效果，则可选择该对象，然后在"外观"面板中修改该属性。

若需要修改效果，则应在"外观"面板中单击效果的名称，在效果的对话框中执行所需的更改，然后单击"确定"按钮。若图形已经执行了"投影"效果，在"投影"两个字上单击，将会弹出"投影"对话框。在对话框中更改相应的数值，即可修改投影效果。

若要删除效果，则可在"外观"面板中选择相应的效果，再单击"删除"按钮 🗑。

图 9-1　"效果"菜单　　　　图 9-2　"外观"面板　　　　图 9-3　"添加新效果"按钮

9.2　3D 效果

3D 效果可以使二维图形通过挤压、绕转和旋转等方式制作出三维效果。也可以调整对象的角度和透视、设置光源等，还能够将符号作为贴图运用到三维效果图中。

1．凸出和斜角

"凸出和斜角"效果可以沿对象的深度轴（Z 轴）拉伸对象，通过增加对象的深度使其呈现 3D 效果。

1）方法

（1）输入文字，如图 9-4 所示。

（2）执行"效果/3D/凸出和斜角"命令，如图 9-5 所示。

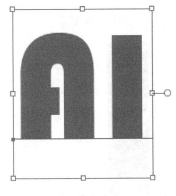

图 9-4　输入文字

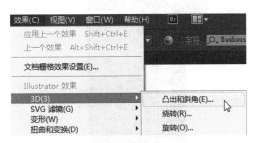

图 9-5　执行 3D 效果

（3）在弹出的"3D 凸出和斜角选项"对话框中，设置相应的参数，实现 3D 效果，如

图 9-6 所示。

2）"3D 凸出和斜角选项"对话框设置

（1）位置：在"位置"下拉列表中可以选择系统自带的透视显示和观察的角度。也可以在指定绕 X 轴旋转📐、指定绕 Y 轴旋转📐、指定绕 Z 轴旋转📐右侧的文本框中输入相应的角度来设定显示和观察的角度。也可以直接拖动右侧的旋转盘📐来设定数据。同时，拖动左侧的预览图也可自定义旋转角度，如图 9-7 所示。

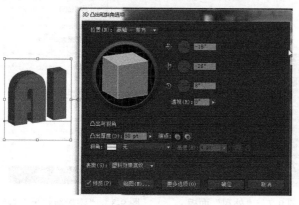

图 9-6　"3D 凸出和斜角选项"对话框

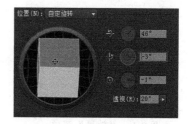

图 9-7　自定义旋转

（2）透视：调整对象的透视角度。较小的角度类似于长焦照相机的镜头，较大的角度类似于广角镜头。

（3）凸出厚度：用来设定挤压的厚度。

（4）端点：单击按钮⬜用于实现实心效果，单击按钮⬜用于实现空心效果。

（5）斜角：选择"斜角"下拉列表中的任意一种斜角，将产生不同的边缘效果，如图 9-8 所示。

（6）高度：设置斜角的高度。单击⬜按钮，斜角外扩，可将斜角添加至对象的原始状态。单击⬜按钮，斜角内缩，自原始对象减去斜角。

2．绕转

"绕转"命令可以绕转一条路径或剖面，生成立体对象。

1）方法

（1）绘制一半路径，设置描边色为淡蓝绿色，填充色为无，如图 9-9 所示。

图 9-8　"斜角"下拉列表

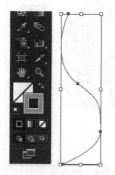

图 9-9　绘制酒杯的一半路径

（2）执行"效果/3D/绕转"命令，在弹出的对话框中设定绕转方向是自"右边"，如图 9-10 所示。选中"预览"复选框显示效果。

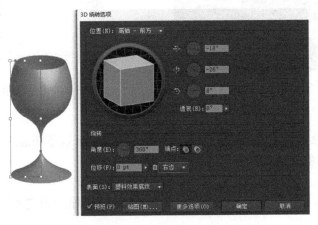

图 9-10 执行"效果/3D/绕转"命令

 提示

因为绘制的路径在左边，所以绕转要自右边开始，若从左边开始绕转，则图形显示的是其他效果，如图 9-11 所示。

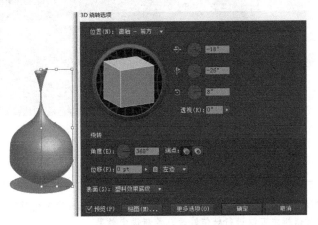

图 9-11 自"左边"绕转

2）"3D 绕转选项"设定

（1）角度：用于设定绕转的度数，默认情况下是 360°，此时路径可绕转一周并闭合生成完整的三维对象。如果小于 360°，则对象的表面会出现断裂面，如图 9-12 所示。

（2）端点：设定实心或空心效果。

（3）位移：当位移数值较小时，绕转的幅度偏小，如图 9-13 所示；当位移数字变大时，绕转范围变大，对象体积也变大，如图 9-14 所示。

图 9-12 断裂面

177

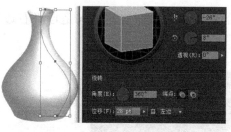

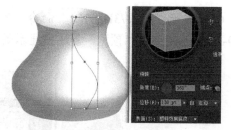

图 9-13　位移数值较小的效果　　　　　　　图 9-14　位移数值较大的效果

3．旋转

旋转可以使对象产生特定的透视效果，被旋转的对象可以是普通的平面图像，也可以是一个执行过 3D 效果的立体对象。

方法：

执行"效果/3D/旋转"命令，在"3D 旋转选项"对话框中设定相应的参数，如图 9-15 所示。

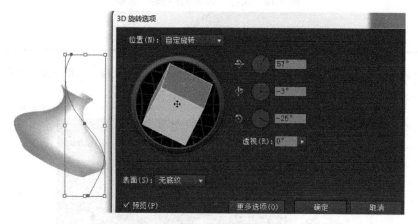

图 9-15　执行"效果/3D/旋转"命令

在"效果"菜单中设定好 3D 效果后，"外观"面板中将显示已经设定的效果名称。单击该名称后，弹出该效果的对话框，在对话框中可以进行数值修改，重新设定效果。

4．设置表面效果

三种 3D 效果的对话框中都有"表面"选项。

（1）线框：对象的表面显示为线状轮廓，如图 9-16 所示。

（2）无底纹：对象表面看不出任何 3D 效果，和图形原始的颜色相同。若图形只有描边色而无填充色，则"无底纹"效果为描边颜色，如图 9-17 所示。

（3）扩散底纹："扩散底纹"效果可以使对象以一种柔和的方式反射，如图 9-18 所示，但光影的效果不够细腻逼真。

（4）塑料效果：对象以一种类似塑料效果的、较光亮的程度显示，对象的质感效果比较明显，如图 9-19 所示。

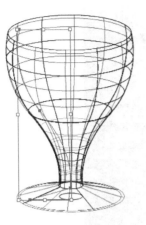

图9-16 "线框"效果

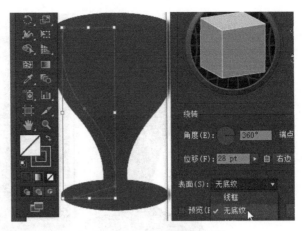

图9-17 "无底纹"效果

图9-18 "扩散底纹"效果

图9-19 "塑料"效果

5. 设置光源效果

在"3D 凸出和斜角选项"对话框和"3D 绕转选项"选项对话框中单击"更多选项"按钮，在弹出的对话框中设定数值，修改光源效果。同时，可以拖动左侧方框中圆球上的光点，移动光源位置，如图9-20所示。

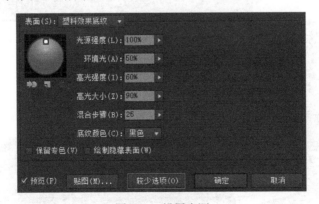

图9-20 设置光源

（1）![按钮]将所选光源移动到对象后面：单击该按钮，光源将从背后照过。

（2）![按钮]新建光源：可新建一个光源点，如图9-21所示，此时对象的光泽感更强。

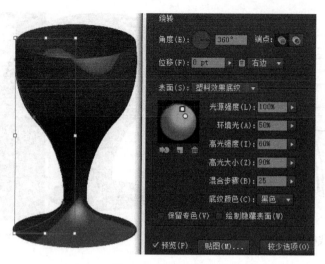

图 9-21　新建光源

（3）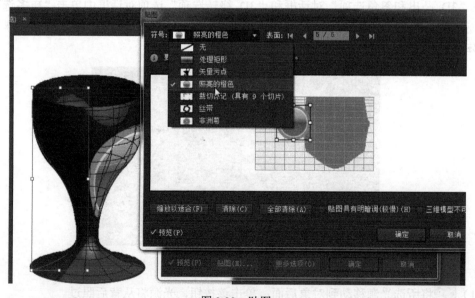删除光源：可将新建的光源删除。

6. 贴图

3D 的"绕转"、"凸出和斜角"效果都能够对对象进行贴图。当需要贴入的是"符号"面板中的对象时，可以直接选择"符号"面板中的对象贴入，也可以将制作好的图形新建为符号并用于 3D 贴图。

例如，在执行"3D/绕转"效果后，弹出"3D 绕转选项"对话框。在对话框下方单击"贴图"按钮，弹出"贴图"对话框。在"贴图"对话框中单击"表面："右侧的下拉按钮，找到需要贴图的位置。若选中"预览"复选框，则红色线框结构图表明当前可将符号贴入的位置。在"符号"下拉列表中选中需要贴入的符号。在下方的缩略图中移动符号的位置，直到符号能在预览图中看见为止，如图 9-22 所示。

图 9-22　贴图

案例1 描边立体字——3D 凸出和斜角效果运用

制作分析

立体文字是运用 3D 的"凸出和斜角"效果制作的,内部文字描边的不同层次是根据描边粗细进行设定的,如图 9-23 所示。

图 9-23 描边立体文字

操作步骤

(1)新建文件:高 210mm、宽 80mm。

(2)绘制与画面大小相同的矩形,填充成黑色,并锁定图层。

(3)新建"图层 2"。输入文字"Illustrator","Aril"字体,大小为"100pt"。

(4)设置文字的填充色为白色,描边色也为白色,描边粗细为 10pt,如图 9-24 所示。

(5)用"文字工具"反白选中文字,在"字符"面板中设置字符间距 VA 为 80,如图 9-25 所示。

图 9-24 输入文字并设置描边粗细

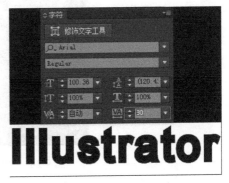

图 9-25 设置文字参数

 提示

字符间距的调整可以在选中文字后,按住 Alt 键,并按键盘上的方向键,向左即是缩小字符间距,向右即是扩大字符间距。同样,竖排文字的字符间距通过向上和向下的方向键来调整。

(6)使用"选择工具"选中文字,按 Ctrl+C 组合键复制文字,按 Ctrl+F 组合键将文字粘贴到前面,保持为选中状态。

(7)将前面的文字描边改为红色,粗细改为 5pt,如图 9-26 所示。

（8）继续按 Ctrl+C 组合键，再按 Ctrl+F 组合键，将最上面的文字描边改为蓝色，粗细改为 2pt，如图 9-27 所示。

图 9-26　复制文字并设置描边　　　　　　　图 9-27　继续复制文字并设置描边

提示

在执行复制文字、粘贴到前面的操作后，"选择工具"自动选中的是前方的对象。此时无需再用选择工具选择。

（9）用"选择工具"同时框选所有字母，将三层字母都选中，按 Ctrl+G 组合键。

（10）执行"效果/3D/凸出和斜角"命令，在弹出的"3D 凸出和斜角选项"对话框中设置相应参数，如图 9-28 所示。

图 9-28　"3D 凸出和斜角选项"对话框

（11）单击"3D 凸出和斜角选项"对话框下方的"更多选项"按钮，在弹出的对话框中按图 9-29 设置光源。

图 9-29　设置光源

（12）单击"确定"按钮，得到如图 9-30 所示效果。

图 9-30 最终效果

案例 2 醋瓶——3D 绕转效果运用

制作分析

图 9-31 所示的醋瓶的效果运用了 3D 绕转效果，并将绘制好的图案设置成"符号"进行了贴图。

操作步骤

（1）新建 A4 大小文件。

（2）绘制一半醋瓶图形，并闭合路径，填充成红褐色，如图 9-32 所示。

（3）执行"效果/3D/绕转"命令，在弹出的对话框中单击"较多选项"按钮，设定光源参数，如图 9-33 所示。

（4）单击"新建光源"按钮，新建一个光源，并在缩略图中将其拖动到原光源点的下方，如图 9-34 所示。

图 9-31 醋瓶效果图

（5）单击"确定"按钮，得到光泽感更强的瓶子，如图 9-35 所示。

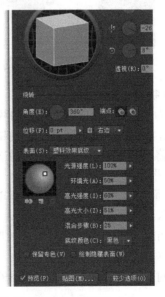

图 9-32 绘制一半酒瓶图形　　　图 9-33 执行"效果/3D/绕转"命令

（6）将绘制好的瓶子放置在一边备用。

（7）用"钢笔工具"绘制一片树叶，如图9-36所示。

图9-34　新建光源　　　　　　　　图9-35　加强光泽感　　　　　　图9-36　绘制树叶

（8）将填充设置成浅红色，描边设置成深红色。打开"画笔"面板，选择"炭笔-羽毛"画笔，将描边设置成炭笔效果，如图9-37所示。

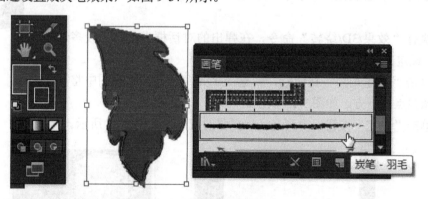

图9-37　设置描边和填充色

（9）复制两个树叶备用。

（10）为其中一个复制的树叶添加网格，用"套索工具"　选中中间部分的锚点，将颜色设置成深红色，将上方和中间两条线上的锚点选中，设置为浅一些的红色，效果如图9-38所示。

（11）将绘制好的网格树叶放置在原树叶上方并对齐，稍微缩小后，将后面树叶的描边显露出来，如图9-39所示。

（12）"画笔工具"选择"炭笔-羽毛"，为复制的树叶绘制叶脉，设置描边粗细为3pt，如图9-40所示。

（13）方法相同，绘制另外一片树叶，并复制一片树叶用"网格工具"设置颜色渐变，放置在上方，如图9-41所示。

（14）对几片树叶进行编组（Ctrl+G），旋转并镜像复制，如图9-42所示。

图9-38 添加网格

图9-39 网格渐变效果

图9-40 添加叶脉

图9-41 绘制叶子

图9-42 组合叶子

 提示

　　此时若图层顺序需要调整，则可选中要调整的图形，按 Ctrl+Shift+]组合键或 Ctrl+Shift+[组合键调整叠放顺序。

　　（15）打开"符号"面板，单击右上角的隐藏菜单按钮 ▼☰，打开隐藏的菜单。执行"打开符号库/徽标元素"命令，选择"喧闹的女孩"符号置入画面，如图9-43所示。
　　（16）单击"符号"面板中的"断开链接"按钮 ✂。在符号上右击，执行"取消编组"命令，将女孩头部颜色换成和树叶一样的颜色，描边也换成和树叶一样的"炭笔-羽毛"画笔，如图9-44所示。

图9-43 置入符号

图9-44 编辑符号

　　（17）绘制椭圆形，并设置填充色为白色，描边为红色，如图9-45所示。
　　（18）输入文字"葡萄酒"，设置颜色为土黄，单击"制作封套"按钮 ⬚，调整弧度，使其与椭圆相符合，如图9-46所示。
　　（19）方法相同，输入文字"一生好酒"，并设置封套；再输入文字"1982"，不做效果，如图9-47所示。

185

图 9-45　绘制椭圆形

图 9-46　制作封套文字

图 9-47　完成图贴

（20）选中所有的图形，按 Ctrl+G 组合键，做好瓶贴，将图形缩放到适合放置在瓶子上，作为瓶贴使用。

（21）将瓶贴拖入"符号"面板，新建一个符号。

（22）选择瓶子，打开"外观"面板，选中"3D 绕转"几个字，弹出"3D 绕转选项"对话框。

（23）单击"贴图"按钮，弹出"贴图"对话框。单击"表面"右侧的三角形按钮 ，找到图贴的位置。如图 9-48 所示，在左边的结构图显示部分中，红色即为当前选中瓶子的部位。

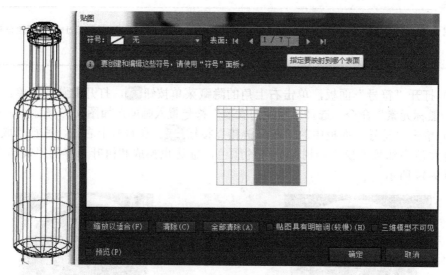

图 9-48　"贴图"对话框

（24）在"贴图"对话框上方的"符号"处单击，在下拉列表中选择刚刚新建的符号，如图 9-49 所示，将其放置到合适的位置。此时，可以选中"预览"复选框查看符号贴图的位置。

（25）选中"贴图具有明暗调（较慢）"复选框，使贴图的效果更自然，单击"确定"按钮，返回"3D 绕转选项"对话框，再次单击"确定"按钮。

图9-49 贴入符号

 提示 ———

当计算机内存不足以运行贴图效果时，所贴的符号很难显现。此时，借助 Photoshop 将符号转为像素图，再转回 Illustrator 进行符号的设置即可。

方法如下：

① 在 Illustrator 的绘图区选择做好的符号图案并复制（Ctrl+C）。

② 打开 Photoshop，新建一个文件，默认大小。

③ 粘贴符号图案（Ctrl+V），在"粘贴"对话框中选中"智能对象"单选按钮，如图9-50所示。

④ 粘贴后的图像会出现一个叉号，如图9-51所示。此时按 Enter 键，叉号会消失。

图9-50 "粘贴"对话框

图9-51 在 Photoshop 文件中粘贴入图像

⑤ 此时，"图层"面板上的图层为"智能对象"。在"智能对象"图层上右击，执行"栅格化图层"命令，将图层栅格化，如图9-52所示。

⑥ 在工具箱中选择"矩形选框工具" ⬚ 框选图案，按 Ctrl+C 组合键复制图形。

⑦ 在 Illustrator 中按 Ctrl+V 组合键粘贴图形（此时，无论 Photoshop 中是椭圆选框选择的区域还是矩形选框选择的区域，粘贴到 Illustrator 画面中都将是矩形。由于外框颜色为白色，因此可拖动至醋瓶上方查看），如图9-53所示。

⑧ 选择"椭圆形工具"绘制一个同等大小的椭圆，并同时选中椭圆和复制的图案，执行"对象/剪切蒙版/建立"命令，将图案周围的方角隐藏。

⑨ 将其拖入"符号"面板并新建符号。

⑩ 方法同上，选择瓶子，单击"外观"面板上的"3D 绕转"文字，在弹出的"3D 绕转选项"对话框中单击"贴图"按钮，找到瓶身，并在"贴图"对话框上方的"符号"选项中单击，在下拉列表中选择刚刚新建的符号，将其放置到合适的位置，单击"确定"按钮，得到如图 9-54 所示的贴图效果。

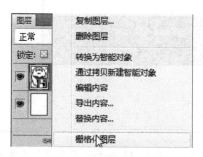

图 9-52　栅格化图层　　　　　图 9-53　再次复制粘贴到 AI 软件中　　　　图 9-54　贴图效果

（26）绘制一个瓶塞的一半，如图 9-55 所示。执行"效果/3D/绕转"命令，新建光源，参数设置如图 9-56 所示。

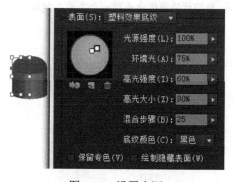

图 9-55　绘制一半瓶塞　　　　　　　　　图 9-56　设置光源

（27）将瓶塞放置在醋瓶上方，如图 9-57 所示。框选醋瓶和瓶塞，进行编组（Ctrl+G）。

（28）绘制一个椭圆形，填充为黑色，如图 9-58 所示。

（29）执行"效果/风格化/羽化"命令，在弹出的"羽化"对话框中设置羽化半径为"10mm"，如图 9-59 所示。

（30）右击，执行"排列/置于底层"命令，将羽化完成的椭圆后置到瓶子后面，如图 9-60 所示。

（31）保存文件到指定位置。

图9-57 放置瓶塞

图9-58 绘制阴影

图9-59 设置羽化效果

图9-60 置于底层

思考与练习

运用3D效果完成下列制作。

自我评价表

内容及技能要点	是否掌握		熟练程度		
	是	否	熟练	一般	不熟
执行"效果/..."命令					
在"外观"面板中修改效果					
3D效果：凸出和斜角效果制作					
3D效果：绕转效果制作					
3D效果：旋转效果制作					
设置3D表面效果					
设置3D光源效果					
3D贴图应用					
案例1制作					
案例2制作					
思考与练习					

内容及技能要点	是否掌握		熟练程度		
	是	否	熟练	一般	不熟
自我总结在本节学习中遇到的知识、技能难点及是否解决					

9.3 其他效果

1．Illustrator 效果

（1）SVG 滤镜：该效果是将图像描述为形状、路径、文本和滤镜效果的矢量格式，它生成的文件很小，可以在 Web、手机、平板电脑等手持设备上提供较高品质的图像，并任意缩放。

例如，执行"效果/SVG 滤镜/AI_斜角阴影_1"命令，图形便产生阴影效果，且图像质量变差，如图 9-61（a）所示；执行"效果/SVG 滤镜/木纹"命令后的效果如图 9-61（b）所示。

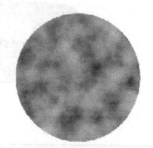

（a）阴影效果　　　　　　　　　　　　　　　　　　　（b）木纹效果

图 9-61　SVG 滤镜效果

由于一些 SVG 效果是动态的，所以必须使用浏览器打开。

（2）变形：变形效果可以扭曲路径、文本、外观及混合等图形，创建的效果等同于封套扭曲，可参考 8.3 节。

（3）扭曲和变换：该效果组中包括 7 种扭曲效果，可以改变图形的形状。其中，自由扭曲是通过控制点来改变对象的形状的。执行自由扭曲之前和自由扭曲之后如图 9-61 和图 9-62 所示。

（4）栅格化：可将矢量图形转变为像素图形。

（5）裁切标记：选中图形，执行"效果/裁切标记"命令，图形定界框四角将出现裁切标记，如图 9-64 所示。

（6）路径效果：该效果下的"轮廓化描边"等同于"对象/路径/轮廓化描边"功能，可将对象的描边创建为轮廓；"位移路径"等同于"对象/路径/偏移路径"功能，通过设定偏移值偏移出一条新的路径;"轮廓化对象"可将对象创建为轮廓。

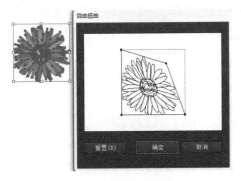

图 9-62 执行"自由扭曲"命令

图 9-63 自由扭曲之后

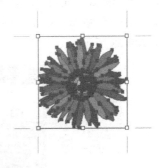

图 9-64 裁切标记

(7)路径查找器:该效果作用与"路径查找器"面板相同,但该效果只能用于处理组、图层和文本对象,而"路径查找器"面板可用于任何对象。同时,路径查找器效果实施后对象本身不造成破坏,也可以在"外观"面板中将效果删除。

(8)转换为形状:将图形转换成矩形、圆角矩形及椭圆形。执行"效果/转化为形状/圆角矩形"命令,弹出"形状选项"对话框,如图 9-65 所示,在"形状选项"对话框中设定参数即可。此时,原图形的路径被保存起来,但外观发生了变化。

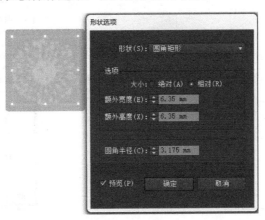

图 9-65 转换形状

(9)风格化效果:风格化效果可以为图形添加特殊的效果。例如,"投影"、"羽化"等效果可以使矢量图出现和像素图相同的阴影、模糊等效果;"圆角"效果可以让图形的尖角变圆滑;"涂抹"可以呈现画笔涂抹的效果;"箭头"可添加各种箭头;"内发光"、"外发光"可为图形添加发光效果。

2. Photoshop 效果

可以将矢量图形像素化,执行"效果画廊"命令,弹出"滤镜库",可在滤镜库右边看到 Photoshop 效果中的其他效果,如图 9-66 所示。

3. 保存效果

设置好的效果及填充色可以保存在"图形样式"面板

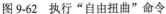

图 9-66 滤镜库

中,以方便地运用到其他图形上。如图 9-67 所示,对绿色的圆形图形执行了"效果/风格化/涂抹"命令及"效果/风格化/阴影"命令。打开"图形样式"面板，选择设置好效果的图形，并单击"图形样式"面板上的新建按钮，将该图形的效果及颜色保存在"图形样式"面板中。再次绘制另一个图形，单击"图形样式"面板中新建的图形样式，新图形便显示了相同的效果，如图 9-68 所示。

图 9-67 保存效果

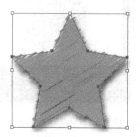

图 9-68 运用图形样式

"图形样式"面板中自带了多种样式效果，单击右上角的隐藏菜单按钮，弹出隐藏的菜单，执行"打开图形样式库"命令，在其子菜单中选择所需要的图形样式，如图 9-69 所示。单击"图形样式"面板左下方的"图形样式库菜单"按钮，同样弹出"图形样式库"菜单，如图 9-70 所示。

图 9-69 图形样式库（一）

图 9-70 图形样式库（二）

案例 3 恋恋笔记本——艺术效果运用

制作分析

图 9-71 为一个布料封皮的笔记本，比较有文艺气质。格子毛呢布料效果的制作运用了"效果"菜单中的"艺术效果/胶片颗粒"功能，又通过不同层次的叠加效果制作而成。

操作步骤

（1）新建 A4 大小文件，CMYK 颜色模式。

（2）选择"矩形网格工具"在绘图区单击，在"矩形网

图 9-71 恋恋笔记本

格工具选项"对话框中设定参数,如图 9-72 所示。

(3)单击"确定"按钮,得到如图 9-73 所示的网格。

(4)右击并执行"取消编组"命令,选中最外框的矩形,将其填充成绿色,如图 9-74 所示。

图 9-72 "矩形网格工具选项"对话框

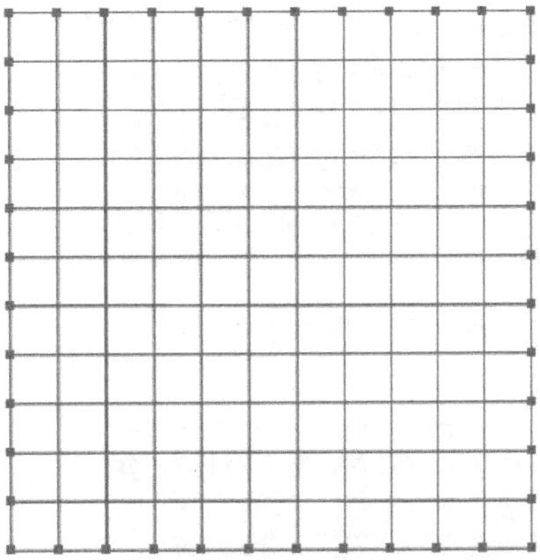

图 9-73 矩形网格

(5)选中填充后的绿色矩形并锁定(Ctrl+2)。

(6)框选所有网格线,设置描边粗细为 8,描边色为白色,如图 9-75 所示。

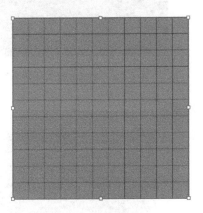

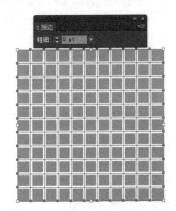

图 9-74 填充绿色

图 9-75 设置描边色和粗细

(7)分别选取每一条网格线,用键盘上的方向键调整线的位置,如图 9-76 所示。

(8)执行"对象/路径/轮廓化描边"命令将白色网格线轮廓化,如图 9-77 所示。

(9)执行"对象/全部解锁"命令,将绿色矩形解锁。

(10)框选所有图形,并打开"路径查找器"面板(Shift+Ctrl+F10),单击"分割"按钮,然后在图形上右击,执行"取消编组"命令,将图形分割成小色块。

(11)使用"选择工具"逐个选择不同的色块并填充颜色,如图 9-78 所示。

(12)绘制一个同等大小的矩形,填充成深绿色,将其置于顶层(Shift+Ctrl+]),如图 9-79 所示。

(13)执行"效果/艺术效果/胶片颗粒"命令,在弹出的"胶片颗粒"对话框中设置参数，如图 9-80 所示。

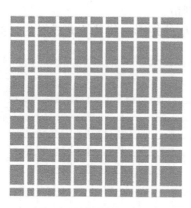

图 9-76　调整线的距离

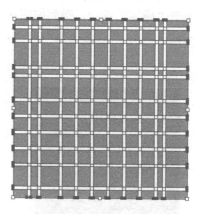

图 9-77　轮廓化描边

图 9-78　分割并填充不同色块

图 9-79　绘制深绿色矩形

（14）单击"确定"按钮，得到如图 9-81 所示效果。

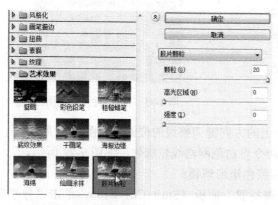

图 9-80　设置"胶片颗粒"效果

图 9-81　"胶片颗粒"效果

（15）打开"透明度"面板，将混合模式设置为"强光"，如图 9-82 所示。

（16）执行"编辑/复制"命令，再次执行"编辑/粘贴到前面"命令，将复制的图形填充色修改为土黄色，并在"透明度"面板中设置混合模式为"叠加"，如图 9-83 所示。

（17）绘制一个圆角矩形，作为蒙版使用，颜色任意，如图 9-84 所示。

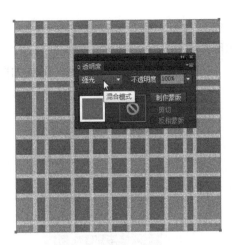

图9-82 更改混合模式

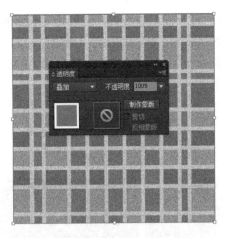

图9-83 复制图形并修改颜色和混合模式

（18）框选所有图形并右击，执行"建立剪切蒙版"命令，如图9-85所示。

图9-84 绘制蒙版图形

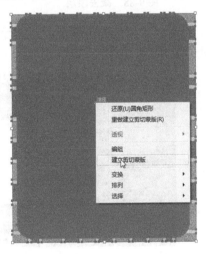

图9-85 建立剪切蒙版

（19）笔记本外形图案基本建立，效果如图9-86所示。

（20）复制一个笔记本外形图案备用。在复制的图形上方绘制一个圆角矩形、一个矩形，同时选中圆角矩形和矩形，如图9-87所示。

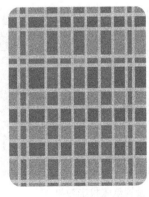

图9-86 剪切蒙版效果

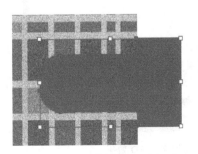

图9-87 绘制圆角矩形和矩形

图形图像处理（Illustrator CC）

（21）在"路径查找器"面板中单击按钮 ，得到如图 9-88 所示的搭扣图形。

（22）同时框选复制的笔记本外形图案和搭扣图形，执行"建立剪切蒙版"命令，将其放置在合适位置，并执行"效果/风格化/投影"命令，调整投影方向和透明度，得到如图 9-89 所示图形。

图 9-88　减去顶层　　　　　　　　　　　图 9-89　建立剪切蒙版并设置投影

（23）绘制一个红色的小圆形，并执行"效果/3D/凸出和斜角"命令，贴入"非洲菊"符号，如图 9-90 所示。

图 9-90　贴图

（24）单击"确定"按钮，得到如图 9-91 所示的纽扣图形。

（25）绘制一个和笔记本大小相同的白色圆角矩形作为纸张。执行"效果/风格化/投影"命令，并设定相应参数，如图 9-92 所示。

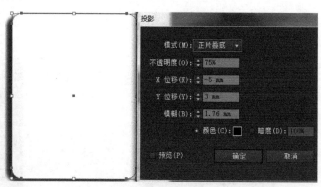

图 9-91　3D 效果　　　　　　　　　　　图 9-92　设置纸张投影效果

（26）右击，执行"排列/置于底层"命令，将白纸放置在底层，并调整位置，如图 9-93 所示。

（27）方法同上，复制多个纸张图层并置于底层，分别选中复制的白纸，用键盘上的方向键调节位置，如图 9-94 所示。

图 9-93　纸张置于底层

图 9-94　复制纸张

（28）绘制一个圆环，并设置渐变填充，如图 9-95 所示。

（29）对圆环执行"效果/风格化/投影"命令，在"投影"对话框中调整参数，如图 9-96 所示。

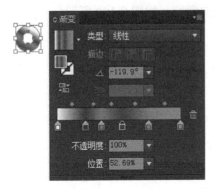

图 9-95　绘制圆环

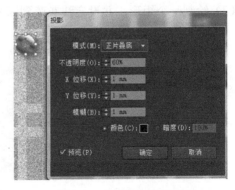

图 9-96　设置圆环投影效果

（30）复制多个圆环，并打开"对齐"面板，单击"水平居中对齐"按钮 ⬚ 和"垂直居中分布"按钮 ⬚，如图 9-97 所示。至此即可得到最终图形，如图 9-98 所示，将其保存到指定路径中。

图 9-97　对齐圆环

图 9-98　最终效果

> **案例 4** 牛仔布文字制作——多种效果菜单运用

图 9-99　牛仔布文字制作

制作分析

　　牛仔布文字效果运用了多种效果，包括"纹理"、"内发光"、"投影"、"变换"、"粗糙化"等。该案例强调了"外观"面板的运用，通过"外观"面板添加填充和描边的效果，如图 9-99 所示。

操作步骤

　　（1）新建文件，大小为 210mm×150mm，CMYK 颜色模式。
　　（2）绘制一个矩形，并设定浅灰蓝到深灰蓝的径向渐变，如图 9-100 所示。

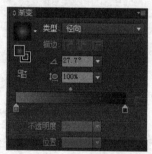

图 9-100　绘制矩形

　　（3）复制矩形（Ctrl+C），并粘贴到前面（Ctrl+F），将其填充成深蓝色，如图 9-101 所示。
　　（4）对复制的矩形执行"效果/纹理/纹理化"命令，并设置缩放为"170%"，凸现为"8"，如图 9-102 所示，单击"确定"按钮。

图 9-101　复制矩形

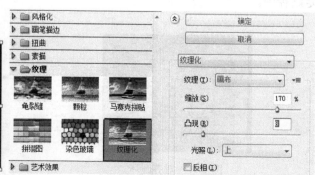

图 9-102　设置纹理参数

（5）同时选中上下两个矩形，打开"透明度"面板（Shift+Ctrl+F10），设置混合模式为"叠加"，如图 9-103 所示，按 Ctrl+G 组合键群组图形。

图 9-103　设置混合模式

（6）锁定"图层 1"，如图 9-104 所示。

（7）新建"图层 2"，输入字母"TEACHER"，并按图 9-105 编辑文字，设置字号和字体。

图 9-104　锁定图层　　　　　　　　图 9-105　编辑文字

（8）将文字的填充色和描边色都去掉，如图 9-106 所示。

（9）打开"外观"面板，单击"添加新填色"按钮▣，为文字新建一个填色，如图 9-107 所示。

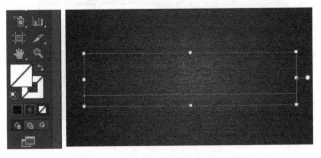

图 9-106　去掉文字的填充和描边色　　　　　图 9-107　新建填色

（10）设置填色为浅灰蓝到深灰蓝渐变，如图 9-108 所示。

（11）执行"效果/风格化/内发光"命令，在"内发光"对话框中设置参数，如图 9-109

所示。

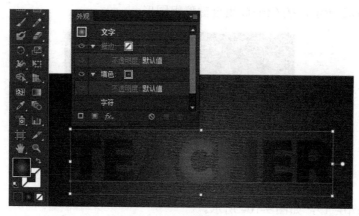

图 9-108　设置渐变填充

（12）单击"确定"按钮，效果如图 9-110 所示。

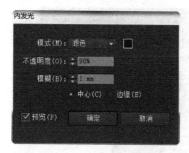

图 9-109　设置内发光参数

图 9-110　内发光效果

（13）再次单击"添加新填色"按钮 ▣，添加一个新填充，如图 9-111 所示。

（14）按住 Shift 键单击"填色"缩略图，打开可编辑颜色的临时颜色面板，如图 9-112 所示。

图 9-111　再次添加新填充

图 9-112　打开临时颜色面板

（15）在临时颜色面板中设置深蓝色，如图 9-113 所示。

（16）在"外观"面板中拖动深蓝色的填色层到渐变填色层下方，如图 9-114 所示。

（17）选择深蓝色的填色层，执行"效果/扭曲和变换/变换"命令，弹出"变换效果"对话框，如图 9-115 所示，设置参数，将深蓝色向下偏移变换。

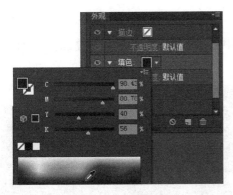

图 9-113　设置深蓝色

图 9-114　更改填色层顺序

图 9-115　设置变换效果

（18）再次添加新填充，设置颜色为浅蓝色，并执行"效果/扭曲和变换/变换"命令，弹出"变换效果"对话框，将浅蓝色向上偏移变换，如图 9-116 所示。

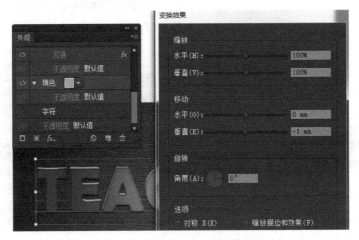

图 9-116　变换浅蓝色

（19）将"图层1"解锁，如图9-117所示。

（20）框选所有图形，在"透明度"面板中将混合模式设置为"叠加"，如图 9-118 所示。

图9-117 解锁"图层1"   图9-118   设置混合模式为"叠加"

（21）用"钢笔工具"沿文字外框绘制一个不规则的路径，如图9-119所示。

图9-119   绘制不规则路径

（22）复制一个路径备份，将备份路径的描边色设为土黄色，填充色为无，描边粗细为4pt，如图9-120所示。

（23）对复制的路径执行"效果/扭曲和变换/粗糙化"命令，弹出"粗糙化"对话框，制作粗糙的线条图形，如图9-121所示。

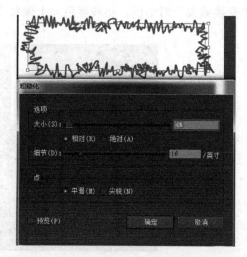

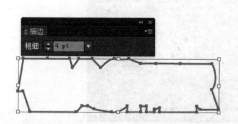

图9-120   复制路径并设置描边色和粗细   图9-121   执行"效果/扭曲和变换/粗糙化"命令

（24）回到原路径，选择原路径和背景，右击并执行"建立剪切蒙版"命令，如图 9-122 和图 9-123 所示。

图 9-122　建立剪切蒙版

图 9-123　剪切蒙版效果

（25）将执行过"效果/扭曲和变换/粗糙化"命令的复制图形放置到蒙版效果图形上，如图 9-124 所示。

图 9-124　放置粗糙的线条

（26）在"外观"面板中单击"添加新描边"按钮 回，添加新描边，并设置描边粗细为 2pt，如图 9-125 所示。

（27）在"外观"面板中选中两个描边，分别执行"效果/风格化/投影"命令，按图 9-126 设定参数。

图 9-125　添加新描边

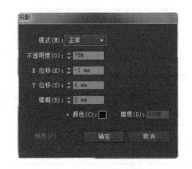

图 9-126　设置投影效果

（28）最终得到如图 9-127 所示的效果，保存文件。

图 9-127　最终效果

思考与练习

（1）运用"效果"菜单和"符号"面板，完成下列贺卡的制作。

（2）运用"效果"菜单和"外观"面板，制作下列浮雕文字。

自我评价表

内容及技能要点	是否掌握		熟练程度		
	是	否	熟练	一般	不熟
执行 Illustrator "效果"菜单中的命令					
保存效果：保存至"图形样式"面板中					
"图形样式"面板应用：打开隐藏的菜单，选择图形样式库中的样式					
"效果/艺术效果/胶片颗粒"效果应用					
"效果/纹理/纹理化"效果应用					
"效果/风格化/投影"效果应用					
"效果/风格化/内发光"效果应用					
"效果/风格化/投影"效果应用					
"效果/扭曲和变换/粗糙化"效果应用					
"效果/扭曲和变换/变换"效果应用					
案例 3 制作					
案例 4 制作					
思考与练习					

续表

内容及技能要点	是否掌握		熟练程度		
	是	否	熟练	一般	不熟
自我总结在本节学习中遇到的知识、技能难点及是否解决					

9.4 透视网格工具

透视网格工具可以制作透视的三维效果图,广泛运用在建筑设计、工业设计上。

1. 透视网格工具运用

(1)建立透视网格:使用"透视网格工具"▦(Shift+P)时,绘图区将出现透视网格,默认情况下网格呈现两点透视状,如图 9-128 所示。

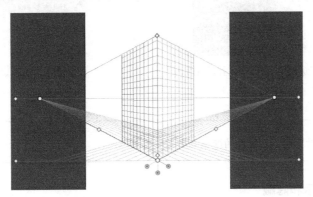

图 9-128 显示透视网格

(2)调整透视网格:透视网格下方有 3 个圆形手柄,拖动手柄,可以调整网格的透视效果,如图 9-129 所示。

(3)绘制透视图形:画面左上角出现立方体图标 ▣。单击立方体图标左侧部分,选择左侧网格图标,光标显示为 ⊹。此时,绘制的图形呈现的是向左侧消失点消失的透视关系,如图 9-130 所示。同样,在画面上选择右侧网格 ▣,光标变为 ⊹,此时绘制的图形显示的是向右侧消失点消失的透视关系,如图 9-131 所示。

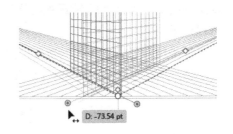

图 9-129 拖动圆形手柄

(4)透视选区工具 ▶:"透视选区工具"(Shift+V)可以调整图形的透视效果。例如,移动图形时,图形将按照透视规律变化。如图 9-132 所示,图形向后移动时消失点缩小。"透视选区工具"还可以通过调整定界框上的锚点来使图形绘制更精确,如图 9-133 所示。

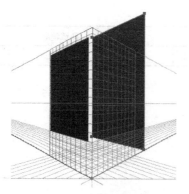

图 9-130　左侧网格

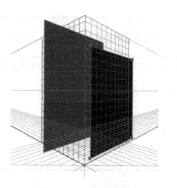

图 9-131　右侧网格

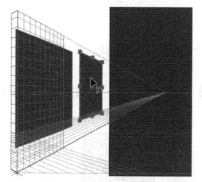

图 9-132　使用"透视选区工具"移动图形

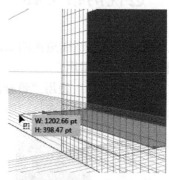

图 9-133　拖动定界框的锚点

提示

用"选择工具"移动图形时，图形的透视效果不发生变化。

2．透视网格显示和隐藏

（1）显示透视网格：不仅可以通过使用"透视网格工具"，还可以通过"视图"菜单来显示透视网格。执行"视图/透视网格"命令，如图 9-134 所示，在弹出的子菜单中选择需要的透视效果。

如果执行"一点透视"命令，则弹出其子菜单，执行"一点-正常视图"命令，绘图区中将出现一点透视网格，如图 9-135 所示。

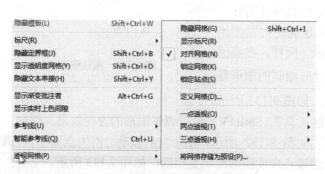

图 9-134　"视图/透视网格"子菜单

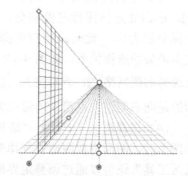

图 9-135　一点透视网格

（2）隐藏透视网格：选择"网格工具" ，单击左上角的图标上的 按钮隐藏网格，如图 9-136 所示。

图 9-136　隐藏透视网格

提示

如果想隐藏透视网格，则必须选择"透视网格工具"来单击隐藏网格图标，其余工具均不起作用。

3．透视网格预设

通过透视网格的预设可以新建透视网格，通过更改参数可以设定透视网格的显示外观。

（1）执行"编辑/透视网格预设"命令，在弹出的"透视网格预设"对话框中单击"新建"按钮 ，弹出"透视网格预设选项（新建）"对话框，设定透视的类型、单位、缩放、网格间距、视角及网格颜色等参数。如图 9-137 所示，设定类型为"三点透视"，网格线"间距"为"30pt"等。单击"确定"按钮后，"透视网格预设"对话框中将出现新建的"[三点-正常视图]-副本"，下方的"预设设置"选项组中显示刚刚设定好的参数，如图 9-138 所示。

（2）执行"视图/透视网格/三点透视/[三点-正常视图]-副本"命令，新建的三点透视网格呈现在绘图区，如图 9-139 所示。

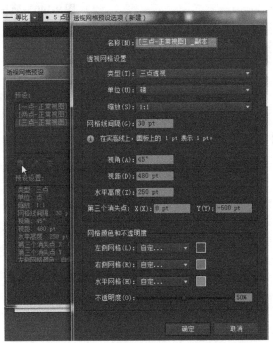

图 9-137　"透视网格预设"对话框　　　图 9-138　"透视网格预设选项（新建）"对话框

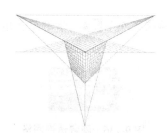

图 9-139　三点透视网格

案例 5 ┃┃ 简易建筑效果图——透视网格运用

制作分析

图 9-140 所示的简易建筑效果图是运用"矩形工具"和"透视网格工具"进行绘制的，通过"透视选区工具"进行调整，会得到比较精确的透视效果。

图 9-140　简易建筑效果图

操作步骤

（1）新建 A4 大小文件，横版。

（2）使用"透视网格工具" ，建立透视网格，如图 9-141 所示。

（3）调整下方的圆形手柄，将左侧部分拉长，右侧部分缩短，上下分别向里收缩，如图 9-142 所示。

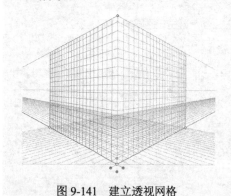

图 9-141　建立透视网格

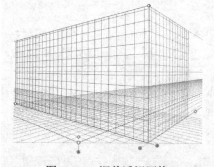

图 9-142　调整透视网格

（4）单击左侧网格，绘制两个矩形，上面的矩形稍微向左延伸一些，分别填充蓝色和浅灰色，如图 9-143 所示。

（5）单击底层网格，绘制一个矩形，填充成土黄色，如图 9-144 所示。使用"透视选区工具" 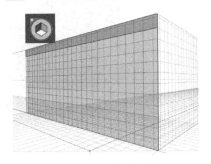选中该图形并向上移动，使锚点与垂直的左侧形状对齐，如图 9-145 所示。

图 9-143 绘制左侧的矩形

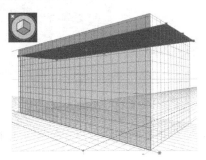
图 9-144 绘制顶层形状

（6）方法相同，单击右侧网格，分别绘制两个矩形，填充成稍微深一些的蓝色和灰色，并用"透视选区工具" 分别调整土黄色和深蓝色，使它们对齐，如图 9-146 所示。

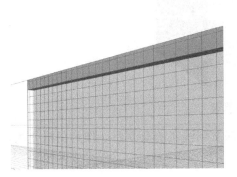
图 9-145 调整透视

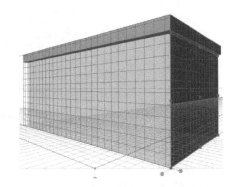
图 9-146 绘制右侧矩形

（7）单击左侧网格，绘制矩形，并设置渐变色，如图 9-147 所示。

（8）在左侧绘制一个矩形，并用"透视选区工具" 选中，按 Alt 键复制一次，按 Ctrl+D 组合键进行多次复制，绘制一排窗户阴影。方法同前，单击右侧网格，绘制另外两个窗户阴影。

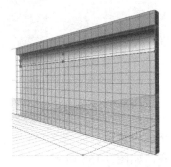
图 9-147 绘制矩形并设置渐变色

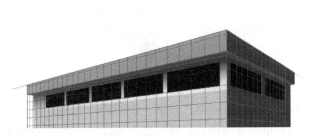
图 9-148 绘制窗户阴影

（9）单击左侧网格，绘制灰蓝色玻璃并复制，与阴影稍稍错开一些，如图 9-149 所示。

（10）方法同上，绘制右侧玻璃，颜色稍微加深，如图 9-150 所示。

209

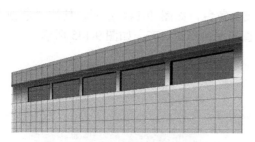

图 9-149　绘制左侧玻璃

图 9-150　绘制右侧玻璃

（11）调整好两侧的窗户，如图 9-151 所示。

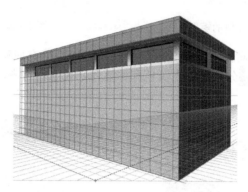

图 9-151　调整效果

（12）单击左侧网格，绘制一个矩形，并填充深灰到浅灰的渐变色，作为门框使用，如图 9-152 所示。

（13）绘制门的阴影和玻璃，如图 9-153 所示。

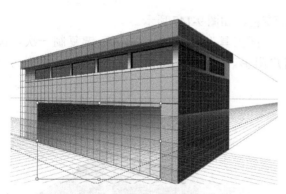

图 9-152　绘制门框矩形

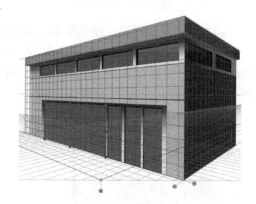

图 9-153　绘制门

（14）单击底部网格，绘制一个矩形，作为底部地平，填充成土黄色，如图 9-154 所示。

（15）单击左侧网格，绘制底部地面的左侧面并调整、对齐，如图 9-155 所示。

（16）单击右侧网格，绘制右侧面并调整、对齐，如图 9-156 所示。

（17）同时选中底部形状，执行"效果/纹理/马赛克拼贴"命令，设置地砖效果，如图 9-157 所示。

图 9-154 绘制底部地平

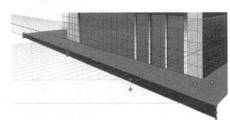
图 9-155 绘制左侧面

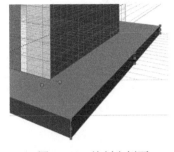
图 9-156 绘制右侧面

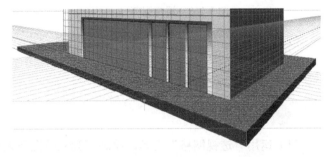
图 9-157 设置"马赛克拼贴"效果

（18）单击左侧网格，用"直线工具" ![]沿窗户绘制左侧的墙面直线，设置描边色为比墙面深一些的灰色，如图 9-158 所示，并复制多次。

（19）方法同上，单击右侧网格，绘制稍微深一些的线条，并复制多次，如图 9-159 所示。

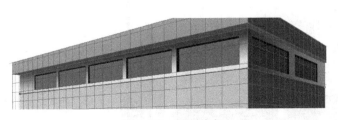
图 9-158 绘制线条

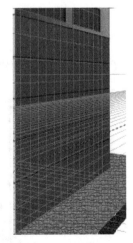
图 9-159 绘制右侧线条

（20）使用"透视选区工具" ![]调节细节，如图 9-160 所示。

（21）单击隐藏网格按钮，将网格隐藏，得到最终效果，如图 9-161 所示。

图 9-160 调整细节

图 9-161 隐藏网格

（22）保存文件。

 思考与练习

（1）运用"透视网格"工具，绘制下列立体图形效果。

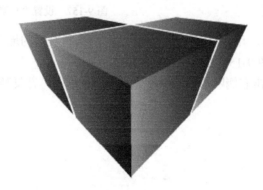

（2）运用"透视网格工具"绘制下列马路效果。

自我评价表

内容及技能要点	是否掌握		熟练程度		
	是	否	熟练	一般	不熟
建立透视网格					
调整透视网格					
绘制透视图形					
"透视选区工具"调整透视图形效果					
显示、隐藏透视网格					
预设透视网格参数					
案例5制作					
思考与练习					
自我总结在本节学习中遇到的知识、技能难点及是否解决					

总结:

　　本章讲解了"效果"菜单的应用和"透视网格工具"的运用。创建3D效果通过对象的凸出、绕转、旋转等设置使平面的图形三维化,同时,通过贴图、光源等设置使对象的三维效果更加美观、逼真。各种效果的运用丰富了图形的艺术效果。"透视网格工具"运用了二维的图形绘制,通过创建一点透视、二点透视、三点透视效果使图形呈现三维效果。这些工具丰富了Illustrator绘制图形的功能,使得图形的呈现形式更加多样。当然,由于篇幅有限,更多的效果没有讲解,需要学习者举一反三,尝试更多的图形制作方法。

第10章

综合技法应用实例

Adobe Illustrator广泛应用于印刷出版、海报书籍排版、专业插画、多媒体图像处理和互联网页面的制作等领域。本章将介绍 Illustrator CC 在名片制作、海报制作、宣传册等平面设计领域的运用。通过学习本章内容，学习者应该掌握一般平面设计作品的尺寸和排版要求，掌握其风格的设计。

10.1　名片设计

1. 名片信息

名片主要用于人与人之间沟通、传递信息。名片上提供的信息是构成名片的主体，包括文字信息和图案信息。

图案信息一般为标志图形、标志图案，也有将持有者的头像以照片或卡通图案形式表现在名片上的，还有二维码等更多的信息形式，如图 10-1 所示。文字信息包括姓名、头衔、公司名称、地址、联系电话、网址等。根据需要突出的主次关系，通常公司名称或标志和姓名部分需要放大显示。名片中标志的部分放在比较突出和醒目的位置，如图 10-2 所示。

图 10-1　潮流名片信息

图 10-2　名片信息排版

2. 名片的版式和尺寸

通常情况下，名片的版式为横版矩形，也有部分名片为了彰显个性采用了竖版，如图 10-3 所示。横版和竖版都分别包括方角和圆角矩形。

图 10-3　方角和圆角竖版名片

此外，还有正方形版式等。有时也有 90mm×108mm、90mm×50mm、90mm×100mm 的尺寸。其中，90mm×108mm 是国内常见的折卡名片尺寸，而 90mm×50mm 是欧美公司常用的名片尺寸，90mm×100mm 是欧美歌手常用的折卡名片尺寸。当然，也有部分名片不拘泥于一般情况，充分体现了名片持有者的个性和特点，采用夸张的、富有创意的造型和版式，如图 10-4 和图 10-5 所示。但是，如无特殊需要，不应将名片制作得过于标新立异，以免给人刻意摆谱之感。

图 10-4　横版创意名片

图 10-5　创意名片

一般来说国内名片的成品尺寸如下。

横版方角：90mm×55mm。

横版圆角：85mm×54mm。

竖版方角：50mm×90mm。

竖版圆角：54mm×85mm。

方版方角：90mm×90mm。

方版圆角：90mm×95mm。

在进行设计制作时，一般上下左右各有 1mm 的出血线。设计规范参考样本如图 10-6 所示。

蓝色线是设计范围线，图文信息在此范围进行排版。设计线到成品线距离为 3mm

注：色块或图片采取出血排版，应放置到出血线处，以免裁切出现误差。正常误差范围是0.5mm-1mm。

裁切线

黑色线为成品线，即裁切过后的实际尺寸。

红色线为出血线，制作时尺寸设置到此线处。黑色成品线到出血线的距离是 1mm

图 10-6　横版设计规范参考样本

案例 1 ▎沐光摄影工作室名片

制作分析

　　该案例的难点是图案的制作。这里以圆为图案基本型，结合"混合工具"及发光效果制作出符号，运用"符号喷枪工具"进行绘制和调整，最终图案如图 10-7 所示。

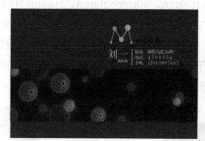 

图 10-7　沐光摄影工作室名片

操作步骤

　　（1）新建文件，设置画板数量为 2，以绘制名片的正反面；宽度为 90mm，高度为 55mm，横版；设置出血上下左右各 1mm，颜色模式为 CMYK，如图 10-8 所示。

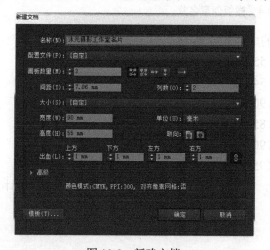

图 10-8　新建文档

（2）单击"确定"按钮，界面中出现两个画板，黑色框为实际尺寸，红色框为出血线。在红色线框范围内绘制矩形，填充色为深灰色，描边色为无，并锁定"图层 1"，如图 10-9 所示。

图 10-9　填充底色

提示

当选中一侧画板时，另一侧画板的线框呈灰色。

（3）新建"图层 2"并绘制一个圆圈，设定描边色为蓝色，描边粗细为 0.75pt。绘制一个小一些的圆，同样设置描边粗细为 0.75pt，颜色为浅蓝色，如图 10-10 所示。

（4）执行"对象/混合/混合选项"命令，在弹出的"混合选项"对话框中设定间距为"指定的步数"，步数设为"8"，如图 10-11 所示。

（5）单击"确定"按钮。选择"混合工具" ，分别在两个圆上单击，得到混合图形，如图 10-12 所示。

图 10-10　绘制两个圆　　图 10-11　设定混合选项的参数　　图 10-12　混合图形

（6）绘制一个与蓝色圆同等大小的圆，描边色同样为蓝色，填充色为无。执行"效果/模糊/高斯模糊"命令，弹出"高斯模糊"对话框，模糊半径为"9"像素，如图 10-13 所示。

（7）执行"效果/风格化/外发光"命令，弹出"外发光"对话框，设置发光色为蓝色，混合模式为"柔光"，不透明度为"50%"，模糊为"1mm"，如图 10-14 所示。

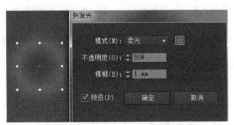

图 10-13　高斯模糊效果　　　　　　　图 10-14　外发光效果

（8）将发光的圆环与混合的圆环组合在一起，建立"编组"（Ctrl+G），并设置不透明度为70%，如图10-15所示。

（9）复制一个圆环图案，并取消编组，将外框的发光改为绿色，如图10-16所示。

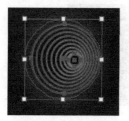

图10-15　编组

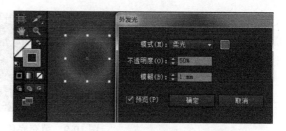

图10-16　复制图案并修改效果

（10）双击混合的圆环中最里面的小圆，进入该小圆的隔离模式，此时拖动小圆，调整混合，如图10-17所示。

（11）双击空白处，取消隔离状态。选中图10-16中修改好的混合图案，执行"对象/混合/扩展"命令，如图10-18所示，混合的对象被扩展成独立的图形。

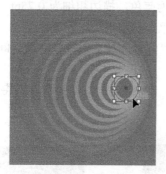

图10-17　隔离编辑

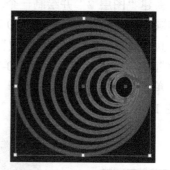

图10-18　扩展图形

（12）设置描边为蓝色到绿色的渐变色，如图10-19所示。

（13）将绿色发光效果放置在背后并编组，设置不透明度为70%，如图10-20所示。

（14）将两个颜色的图案分别拖入"符号"面板，如图10-21所示。

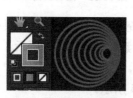

图10-19　设置渐变色　　图10-20　编组操作　　　　图10-21　拖入"符号"面板

（15）选择"符号喷枪工具"，喷绘图案，并运用符号喷枪组中的位移、缩放等工具进行调整，得到如图10-22所示的图案。

（16）绘制一个矩形，选中矩形并右击，执行"建立剪切蒙版"命令，如图10-23所示。

（17）建立剪切蒙版后效果如图10-24所示。

（18）绘制标志，如图10-25所示。

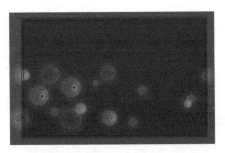

图 10-22 喷绘符号

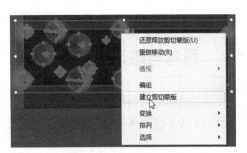

图 10-23 建立剪切蒙版

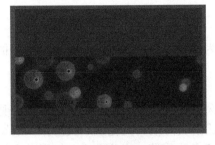

图 10-24 剪切蒙版效果

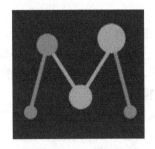

图 10-25 绘制标志

（19）分别输入相应的信息文字，并在"字符"面板中调整文字的大小、字体和间距，并进行排版，如图 10-26 所示。标志上的字号为 9pt，姓名字号为 14pt，其余信息字号为 6pt。

（20）将标志复制到右侧画板中，进行排版操作，并选取设定好的图案符号置入，在下方输入网址"www.muguang.cn"，如图 10-27 所示。

图 10-26 输入文字信息

图 10-27 名片背面

（21）选中所有文字部分，执行"文字/创建轮廓"（命令 Ctrl+Shift+O），将所有文字转曲，如图 10-28 所示。

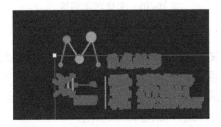

图 10-28 转曲文字

（22）将所有图形编组，并保存文件。

思考与练习

结合自己学校的实际情况，为自己设计一款个性化的名片。

10.2 海报设计

1．海报概念

海报是指张贴在公共场所的印刷类广告，它作为一种视觉传达艺术，最能体现平面设计的形式特征，具有视觉设计最主要的基本要素。

2．海报的种类

海报从用途上分为商业海报、文化艺术海报和公益海报，其中商业海报是最为常见的海报形式，包括各种商品的宣传海报、服务类海报、旅游类海报、文化娱乐类海报、展览海报和电影海报等，如图 10-29 所示。文化艺术海报包括各类展览、文化艺术节、运动会等文化类主题会议的海报，如图 10-30 所示。公益海报是一种非商业类的海报，它通过平面的形式宣传公益，包括环保、安全、反腐等，通过宣传达到传播文明、宣扬法制和道德的目的，如图 10-31 所示。

  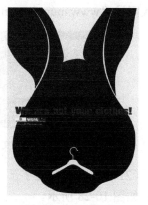

图 10-29　商业海报　　　　图 10-30　文化艺术海报　　　　图 10-31　公益海报

3．海报的表现元素

海报设计的表现元素有文字元素和图形元素。其中，图形元素为主要元素，起到刺激眼球引人注意的作用，强烈地表达了海报的主题思想。当然，文字的作用也很重要，一个好的海报文案往往起到了画龙点睛的作用。还有许多海报的表现元素仅仅是文字，在这种情况下，文字通常被处理成图形的样式，如图 10-32 所示。

4．海报的尺寸

海报的尺寸比较多，用途不同，其尺寸也不同。一般而言，海报的尺寸比较大，用于张贴在公共场所，其画面尺寸包括全开、对开、长三开及特大画面（八张全开）等。由于Illustrator 为矢量图软件，因此绘制的尺寸可以不太大，实际运用时等比例缩放即可。

案例2 中秋节主题海报

制作分析

每逢佳节倍思亲，中秋节主题海报主体色调烘托节日和思念的气氛，如图 10-33 所示的画面中采用中国传统元素祥云、大红灯笼、孔明灯、山川、荷花等，运用了混合工具、钢笔工具、自由变换工具、渐变填充等效果，使海报看起来更丰富。

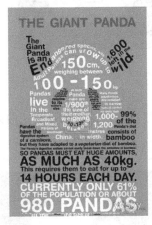

图 10-32　文字作为图形使用

图 10-33　中秋节主题海报

操作步骤

（1）新建 A4 大小文件，色彩模式为 CMYK，上下左右各方 1mm 出血。

（2）绘制一个与出血线区域同等大小矩形，并填充成紫红色（CMYK 值分别为 75\90\5\0）到蓝紫色（CMYK 值分别为 95\90\10\0）径向渐变，当做背景如图 10-34 所示。

（3）用"椭圆工具"绘制一个正圆做月亮，设置径向渐变色为浅黄（CMYK:10\0\80\0）到中黄(CMYK:5\25\80\0)，如图 10-35 所示。

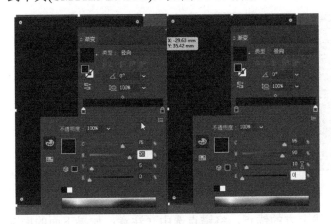

图 10-34　绘制背景

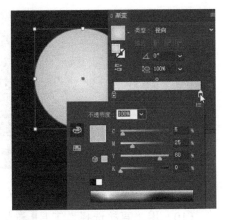

图 10-35　绘制月亮

（4）Ctrl+C 复制一个月亮，Ctrl+F 原位粘贴，将复制的月亮选中执行"效果/风格化/外发光"，在"外发光"对话框中设定发光颜色为淡黄色，不透明度 75%。模糊为 5mm。鼠标右键将外发光的月亮向后移动一层，如图 10-36 所示。

（5）在草图区用椭圆工具绘制三个圆做云朵，如图 10-37 所示。

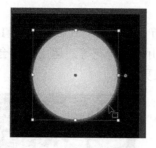
图 10-36 外发光月亮

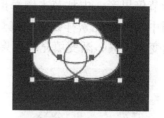
图 10-37 画云朵

（6）点击"路径查找器"中的"联集"，合并三个圆。如图 10-38 所示。

（7）选择旋转扭曲工具，调整画笔大小，在云朵处按住，得到想要的扭曲效果。将如图 10-39 所示。

图 10-38 图形相加

图 10-39 设定卷曲效果

（8）同样在草图区，用椭圆工具绘制灯笼外形，设置填充色为朱红（CMYK:35/100/00/0），描边为中黄（CMYK:5/45/90/0）。如图 10-40 所示。

（9）Ctrl+C，Ctrl+F 原位粘贴一个椭圆，按住 Alt 拖其中一边，将两边向里收。并将填充色设置为无，做出灯笼上面的线。如图 10-41 所示。

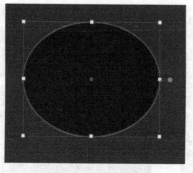
图 10-40 灯笼外形

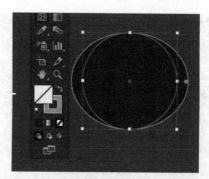
图 10-41 画一个灯笼线

（10）用"直接选择"工具点击线上方的锚点，将锚点选中（注意：如果下面的椭圆影响点击可以先将下放椭圆 Ctrl+2 锁定，记得做好后 Ctrl+Alt+2 解锁）。然后点击上方属性栏中的剪切路径，如图 10-42 所示。

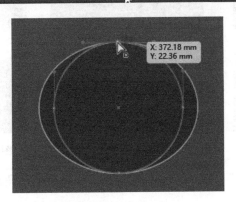

图 10-42 剪切路径

（11）方法相同，将下方的锚点也选中剪切。如图 10-43 所示。

（12）双击"混合"工具。如图 10-43 所示，设定指定步数为 8。

（13）选中左右两个已经断开的线，执行"对象/混合/建立"。如图 10-44 所示。

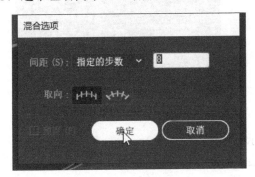

图 10-43 混合选项

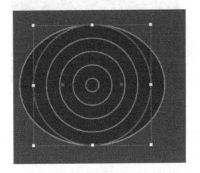

图 10-44 设置混合

（14）用"钢笔"工具在其中一个线上添加一个锚点，即可达到所要效果。如图 10-45 所示。

（15）绘制矩形，填充和描边同灯笼外形颜色一致，复制，分别放置在灯笼上下两端做灯托。如图 10-46 所示。

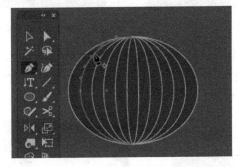

图 10-45 添加锚点

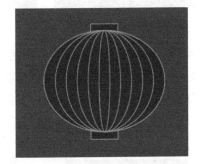

图 10-46 绘制上下托

（16）钢笔工具绘制两条线，并执行混合。如图 10-47、10-48 所示。

（17）选中灯笼所有部件，Ctrl+G 执行群组。

（18）将云朵和灯笼放到月亮上。如图 10-49 所示。

图 10-47　画两条线

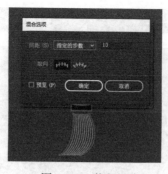

图 10-48　执行混合

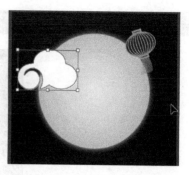

图 10-49　云和灯笼放入图中

（19）选择"圆角矩形"工具，在画面中单击，在出现的圆角矩形对话框中设置圆角半径为 100，如图 10-50 所示。

（20）点击确定后将随意出现的圆角矩形删除，重新绘制一个，如图 10-51 所示，设置描边粗细为 4pt。

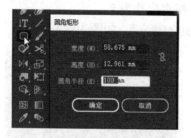

图 10-50　设置填充色

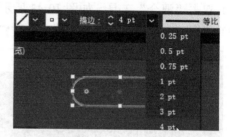

图 10-51　绘制明暗层次

（21）复制一个放在下方,如图 10-52 所示。

（22）用直接选择工具选中上面的一个锚点，执行 Delete 删除。如图 10-53 所示。

（23）方法相同，删除锚点如图 10-54 所示。

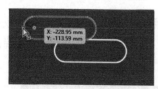

图 10-52　复制圆角矩形

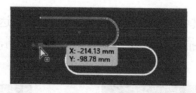

图 10-53　删除锚点

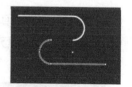

图 10-54　删除锚点

（24）用钢笔工具点击两个线段的端点将两个线段链接，如图 10-55 所示。

（25）用"直接选择"工具 调整两端的长度。如图 10-56 所示。

（26）复制，修改颜色为蓝紫、紫红、白色，放到月亮上面，调整大小。如图 10-57 所示。

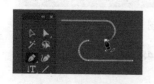

图 10-55　钢笔连接

图 10-56　绘制蒙版图形

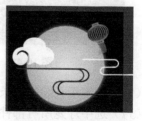

图 10-57　放到月亮上

（27）钢笔工具绘制山峦，设置淡紫色（CMYK:35/45/0/0）到透明色线性渐变效果，前面色标滑块透明度为100%后面色标滑块的透明度设置为0%。如图10-58、图10-59所示。

（28）方法相同绘制另外两层山峦，放置在画面底端。如图10-60所示。

 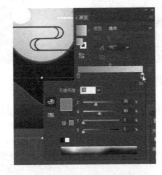 

图10-58　钢笔工具画山峦　　　图10-59　设置透明渐变效果　　　图10-60　绘制三层山峦

（29）绘制椭圆，设置粉色到白色线性渐变。如图10-61所示。

（30）用"钢笔"工具下的"转换点"工具单击椭圆顶端的锚点，得到如图10-62的效果，做成一个荷花瓣。

（31）旋转复制荷花瓣多个。放置在图中。如图10-63所示。

 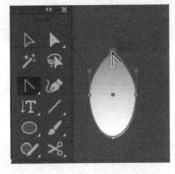 

图10-61　绘制椭圆　　　　图10-62　顶端变尖　　　　图10-63　放入荷花

（32）椭圆工具绘制椭圆，直接选择工具调整椭圆下面的锚点得到兔身，如图10-64。再用椭圆型工具绘制耳朵和尾巴。（注意兔子身体稍微颜色暗一点，为了突出兔子尾巴，可以复制一层椭圆放在尾巴下方，颜色加深做投影。如图10-65。）复制一个兔子修改颜色为深蓝紫色，如图10-66所示。将两个兔子分别放到山峦和月亮上。

图10-64　绘制身体　　　　图10-65　绘制尾巴　　　　图10-66　复制一个兔子

（33）矩形工具绘制一个矩形，调整成梯形，如图 10-67 所示。

（34）选择工具拖拽中间的原点使得两边的角变成圆角，如图 10-68 所示。

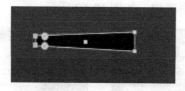

图 10-67　调整矩形

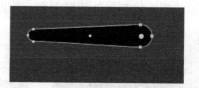

图 10-68　调整圆角

（35）打开"画笔"浮动面板。将画好的图形拖入画笔面板，在弹出的面板中选择艺术画笔。如图 10-69 所示。

图 10-69　新建艺术画笔

（36）点击确定后，在出现的艺术画笔选项对话框中设定"方法"为"色相转换"。如图 10-70 所示。

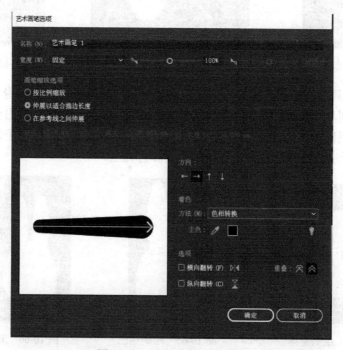

图 10-70　设定艺术画笔选项

（37）选择设定好的艺术画笔，用画笔工具 ![pen] 在画面中写下"中秋"两个字，设置描边
粗细到合适大小。如图 10-71 所示。

（38）执行"对象/扩展外观"，如图 10-72 所示。

图 10-71 设定艺术画笔选项   图 10-72 设定艺术画笔选项

（39）选中文字部分，打开"路径查找器"点击"联集"，合并文字图形。如图 10-73 所示。

图 10-73 合并图形

（40）在给文字填充紫红到蓝紫的渐变色，如图 10-74 所示。

图 10-74 合并图形

（41）绘制矩形，设置渐变，橙色（CMYK:0/85/77/0）到黄色（CMYK:0/0/30/0）如图
10-75 所示。描边色为深红色。

（42）设置渐变角度为垂直。如图 10-76 所示。

（43）选择"倾斜"工具，拖矩形的一个角，将矩形倾斜。如图 10-77 所示。

图 10-75　绘制矩形

图 10-76　渐变调整

图 10-77　倾斜矩形

（44）双击"镜像"工具，将倾斜的矩形镜像复制。如图 10-78 所示。

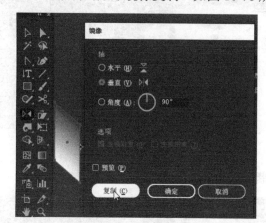

图 10-78　执行镜像复制

（45）绘制正方形，旋转 45°，如图 10-79 所示。

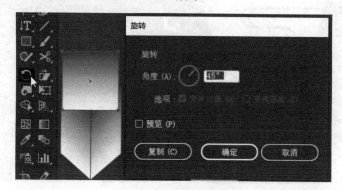

图 10-79　执行旋转

（46）运用"自由变换"工具下的"自由扭曲"工具调整上方的矩形，做出透视效果。如图 10-80 所示。

（47）没有对齐的部分用"直接选择"工具选择锚点，单独调整。如图10-81所示。

（48）全选孔明灯部分，选择"自由变换"工具下的"透视扭曲"工具。将孔明灯上部整体调大，做出透视效果。如图10-82所示。

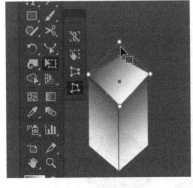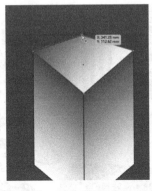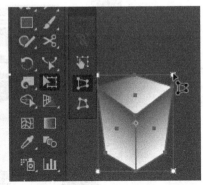

图 10-80　调整透视　　　　图 10-81　调整锚点　　　　图 10-82　调整透视

（49）复制两个孔明灯并调整大小，放置到画面中。输入竖排文字"但愿人长久 千里共婵娟"如图10-83所示。

（50）绘制矩形占满整个画面，如图 10-84 所示。框选所有图形，单击鼠标右键，执行"建立剪切蒙版"。

（51）最终效果如图10-85所示。

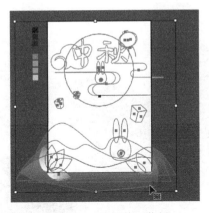

图 10-83　孔明灯效果　　　　图 10-84　建立剪切蒙版　　　　图 10-85　最终效果

思考与练习

1．根据自己学校的特点设计制作一个文化节或者毕业设计的宣传海报。

参考作品欣赏《艺术系毕业设计展》

图 10-86　毕业设计海报

2．公益海报设计。

参考作品欣赏《不要让鸟儿失去对人类的信任》（钢笔工具、混合工具及网格工具绘制）

图 10-87　公益海报

10.3　包装设计

　　包装是商品生产过程中的最后一道工序，现代包装不仅仅是为了保护产品，更是为了向消费者传递产品信息，起到销售产品的功能。包装的种类繁多，分类方法也各不相同。按产品类型，包装可分为日用品、食品、饮料、烟酒、玩具、化妆品等。其中，食品包装作为现代包装体系中一个重要的组成部分已经深入到社会的方方面面，食品的包装除了满足保护食品、存储食品等基本功能之外，还要美观，有一定的文化内涵，这样才能吸引消费者的眼球。

食品包装的材料也有很多种，有纸质包装盒、塑料包装袋、锡纸包装等，在造型上，为了吸引消费者的注意力，形状各异，如图10-88和图10-89所示。

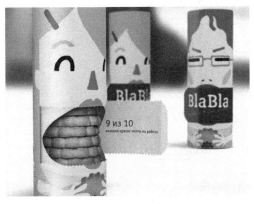 

图10-88 饼干包装设计   图10-89 水果包装设计

本节介绍了两个案例，一个是针对儿童市场的糖果包装，另一个是针对宠物市场的狗粮包装，都采用了比较鲜艳的颜色及卡通插画等。但是在材质上，一个使用了纸质的包装盒，另一个使用了塑料的包装袋，所以在表现手法上各不相同。

案例 3 ┃ 狗粮包装设计展开图与效果图制作

制作分析

这款包装设计的是纸质的盒形，所以运用了直线等工具绘制盒形的基本结构，运用画笔绘制骨头图案并设置符号作为包装的底纹。憨憨的小狗图案也不是直接将照片贴入的，而是运用了实时上色等工具对其进行了构成设计。效果图运用了"自由变换工具"制作透视效果，运用了渐变及滤镜效果制作整体效果，如图10-90所示。本案例分为以下3个任务完成。

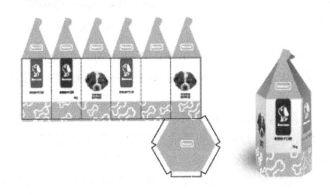

图10-90 狗粮包装展开图与效果图

操作步骤

1. 包装盒结构线绘制

包装盒结构线绘制效果如图 10-91 所示。

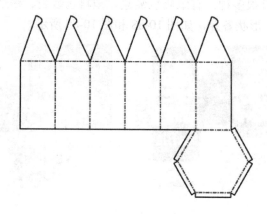

图 10-91　展开结构线图

（1）新建 A3 大小文件。

（2）设定填充色为无，描边为红色，选择"多边形工具"绘制一个边长为 30mm 的正六边形，如图 10-92 所示。

（3）打开"描边"面板，按图 10-93 设置参数，做出折线标记效果。

　　　　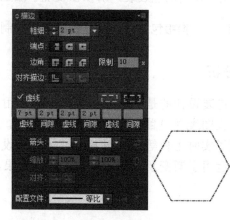

图 10-92　绘制六边形　　　　　　图 10-93　设置折线标记效果

（4）选择"直线段工具"，在画面中单击，在弹出的"直线段工具选项"对话框中设定长度为 60mm，角度为 90°，单击"确定"按钮。将直线放置到六边形上方，如图 10-94 所示。

（5）水平复制 6 条直线，如图 10-95 所示。

（6）使用"选择工具"选择所有垂直的直线段，使用"吸管工具"在六边形线段上单击，将直线段全部转化为折线的虚线效果，如图 10-96 所示。

（7）方法同上，绘制水平的两条直线段，并将上面的部分设定为虚线效果，如图 10-97 所示。

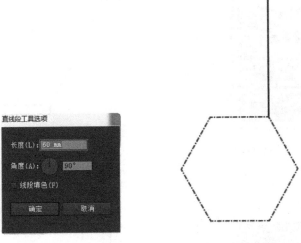

图 10-94 直线段设定

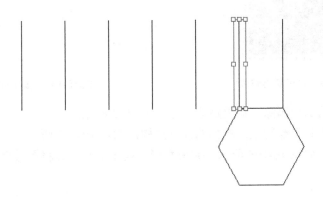

图 10-95 复制直线

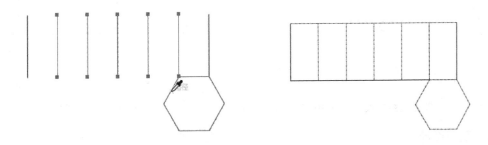

图 10-96 吸管工具吸取虚线样式　　　　　图 10-97 绘制水平线段

（8）绘制一个 5mm 的直线段，放在六边形下方，如图 10-98 所示。

（9）运用两条参考线标记出六边形的中心点，并绘制完贴边结构线，如图 10-99 所示。

（10）选中贴边结构线，选择"旋转工具"，按住 Alt 键在中心点单击，在弹出的"旋转"对话框中设定旋转角度为 60°，单击"复制"按钮，如图 10-100 所示。

（11）按 Ctrl+D 组合键 5 次，复制出一圈贴边，如图 10-101 所示。

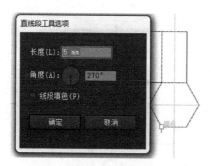

图 10-98　绘制短直线

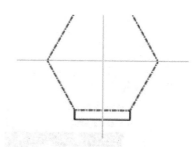

图 10-99　绘制贴边效果及参考线

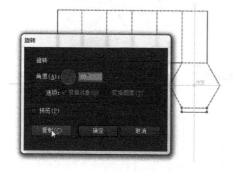

图 10-100　旋转复制贴边

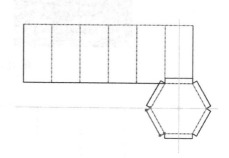

图 10-101　多次复制贴边

（12）将不需要的部分删除，调整贴边，如图 10-102 所示。

（13）用"工笔工具"绘制上面搭扣的部分结构，如图 10-103 所示。

（14）复制 5 次，如图 10-104 所示，完成盒形结构图绘制，并将图层锁定。

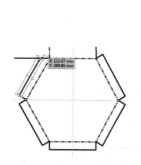

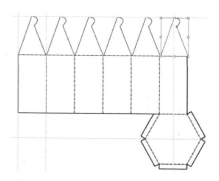

图 10-102　调整贴边结构线　　图 10-103　上部盒形　　　　　图 10-104　复制

2．贴图设计

贴图设计的效果如图 10-105 所示。

（1）新建图层，置入一张可爱的小狗图片到新图层中，双击图层的缩略图，在弹出的"图层选项"对话框中，选中"模板"复选框，此时的小狗图片作为模板存在，方便临摹和设计图案，如图 10-106 所示。

（2）新建图层。用"直线段工具"沿小狗五官、轮廓绘制不规则直线段，线段之间要形成一个封闭的范围，方便进行实时上色，如图 10-107 所示。

（3）使用"选择工具"选中所有线段，选择"实时上色工具"在线段上单击，形成

"实时上色组",如图 10-108 所示。

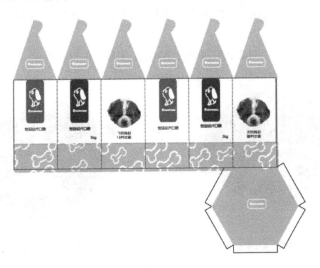

图 10-105　贴图设计

图 10-106　置入图片并设置模板

（4）按 Alt 键，将"实时上色工具"临时转化为"吸管工具",在直线段围成的区域吸取颜色,如图 10-109 所示。

图 10-107　绘制直线段

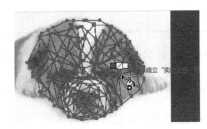

图 10-108　形成"实时上色组"

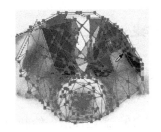

图 10-109　吸色

 提示

绘制时要尽量按照小狗的轮廓外形及毛色外形进行,线段与线段之间的封闭区域也要尽量是三角形,这样更有立体构成感,如图 10-115 所示。

图形图像处理（Illustrator CC）

（5）吸取颜色后松开 Alt 键，回到"实时上色工具"，在吸取的颜色区域内单击填充颜色。

（6）方法同上，将所有直线段围成的区域都填充相应的颜色，完成实时上色，如图 10-110 所示。

（7）将描边色去掉 ，完成小狗插画的绘制，如图 10-111 所示。

图 10-110　实时上色

图 10-111　取消描边色

（8）新建图层，用"画笔工具"绘制小狗图标，如图 10-112 所示。

（9）选中小狗标志，执行"对象/扩展外观"命令，将画笔的描边扩展为填充，如图 10-113 所示。

图 10-112　绘制小狗图标

图 10-113　扩展外观

提示

"扩展"的目的是使描边转化为轮廓，转化后可以等比例缩放，否则描边不能跟随整体图标进行等比例缩放。

（10）新建图层，绘制一个粉色长方形并置于结构图最下方，锁定该图层。

（11）新建图层，选择"炭笔-羽毛"画笔，绘制一个骨头图案，如图 10-114 所示。

（12）将骨头图案拖入"符号"面板并新建符号，如图 10-115 所示。

（13）双击"符号喷枪工具" ，设定喷枪的大小和强度，如图 10-116 所示。

（14）喷绘图案底纹，并用符号位移、符号紧缩、符号缩放器等工具进行调整，如图 10-117 所示。

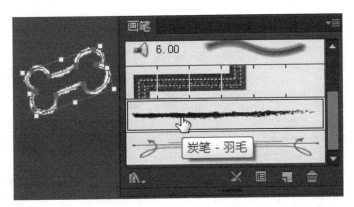

图 10-114　绘制骨头图案

图 10-115　新建符号

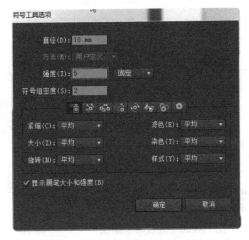

图 10-116　设置符号喷枪的参数

图 10-117　喷绘符号

（15）绘制一个与粉红色长方形相同大小的矩形，同时框选该矩形和骨头图案，右击，执行"建立剪切蒙版"命令，如图 10-118 所示，将符号喷绘的部分隐藏起来。

（16）将粉色矩形解锁，同时选中骨头图案的粉色矩形部分，群组，制作好下部底纹。

（17）将上面搭扣部分和底部都填充成粉色。绘制几个相同的标签，将小狗图标放入，将小狗的图案也放入，输入文字，排版对齐，如图 10-119 所示，完成平面展开贴图的制作。

3．效果图制作

（1）新建图层，复制一个下部的底纹，运用剪切蒙版的方法，选取局部底纹，如图 10-120 所示。

（2）复制上方的搭扣部分，绘制一个矩形，填充白色到浅灰色的径向渐变，绘制好效果图正面，如图 10-121 所示。

（3）复制搭扣部分，并进行变形，设置颜色为浅粉红色到深粉红色渐变，如图 10-122 所示。

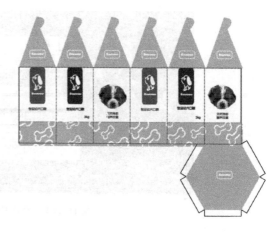

图 10-118　建立剪切蒙版　　　　　　图 10-119　平面展开贴图

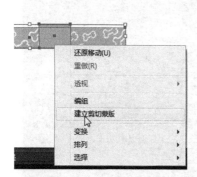

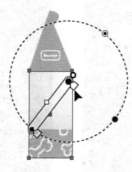

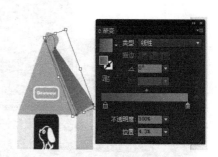

图 10-120　选取局部底纹　　　图 10-121　绘制正面　　　图 10-122　参数设定

（4）在侧面绘制一个四边形，填充成浅灰色到深灰色渐变，如图 10-123 所示。

（5）将小狗的图标部分连同文字一起复制到效果图的侧面，选择"自由变换工具"进行变换，制作出透视效果，如图 10-124 所示。

图 10-123　绘制侧面　　　　　　　图 10-124　自由变形

（6）同样，制作出右侧底纹的透视效果，如图 10-125 所示。

（7）方法同上，绘制左侧面的小狗图案透视效果，将背景填充为白色到浅灰的渐变（颜色比正面稍微深一些）。

（8）复制一个底纹整图，选择"自由变换工具"进行透视变换，如图 10-126 所示。

（9）释放透视效果的底纹的剪切蒙版，将背景色改为深粉红到浅粉红色的渐变，如图 10-127 所示。

图 10-125　底纹透视图

图 10-126　底纹透视

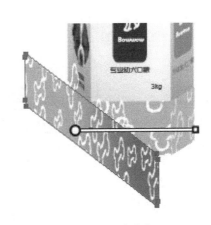

图 10-127　渐变色

（10）绘制一个和左侧面底部四边形相同的图形，与骨头图案一起执行"创建剪切蒙版"操作，完成侧面的透视效果，如图 10-128 所示。

（11）用"多边形工具"绘制一个六边形，填充成黑色，如图 10-129 所示，将其置于底层。

图 10-129　完成透视效果

图 10-130　绘制六边形投影

（12）执行"效果/模糊/高斯模糊"命令，设置高斯模糊效果，如图 10-130 所示。

（13）移动阴影到合适位置，如图 10-131 所示。

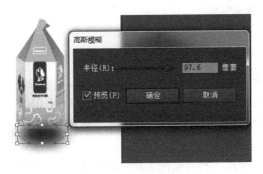

图 10-130　高斯模糊

图 10-131　移动阴影

（14）完成整个展开图和效果图的制作，如图 10-132 所示，保存文件。

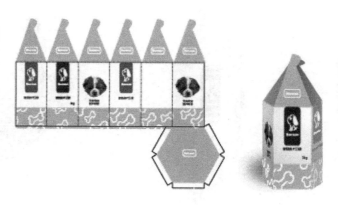

图 10-132　完成整个设计

案例 4 ┃ 糖果包装设计

🔵制作分析

　　这款糖果包装设计的材质是塑料，在表现上注重高光及暗部的处理，运用"封套扭曲工具"将粗料的软质感表现出来，如图 10-133 所示。文字的处理运用了"创建轮廓"图案的绘制，也运用了"符号"创建。

图 10-133　糖果包装

🔵操作步骤

　　（1）新建 A4 大小的、横向的文件，绘制两个矩形，参数如下：宽 175mm、高 120mm，黄橙色到红橙色径向渐变；宽 30mm、高 120mm，绿色，锁定图层，如图 10-134 所示。

　　（2）新建图层，绘制两个椭圆，其中一个描边设为 4pt，颜色为淡黄，填充色无；另一个填充色为淡黄色，描边色无，如图 10-135 所示。

　　（3）将图案拖入"符号"面板创建新的符号，使用"符号喷枪工具"进行喷绘，如图 10-136 所示。

　　（4）用符号位移、符号紧缩、符号缩放器、符号旋转等工具进行调整，如图 10-137 所示，将喷绘的符号不透明度设为 30%。

图 10-134　绘制矩形

图 10-135　绘制椭圆

图 10-136　喷绘图案

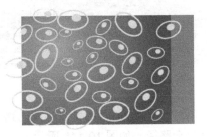

图 10-137　调整符号

（5）建立剪切蒙版，将多余的部分隐藏。

（6）使用"钢笔工具"和"椭圆形工具"绘制卡通造型，如图 10-138 所示。

（7）绘制两个椭圆，单击"路径查找器"面板中的"减去顶层"按钮，绘制卡通形象的嘴巴造型，如图 10-139 所示。

（8）绘制 3 条断线作为牙齿的缝隙，绘制黑眼珠，如图 10-140 所示。

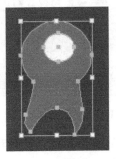

图 10-138　外形绘制

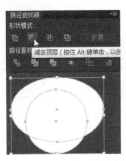

图 10-139　嘴巴绘制

图 10-140　牙齿绘制

（9）绘制两个圆形，如图 10-141 所示，单击"路径查找器"面板中的"分割"按钮，将卡通形象的阴影部分绘制出来，如图 10-142 所示。

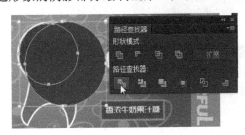

图 10-141　分割圆

图 10-142　绘制阴影

（10）绘制矩形框，填充紫色，描边为蓝色，输入文字"香浓牛奶果汁糖"，输入英文字母"COLORFUL"，如图 10-143 所示。

（11）选中文字"COLORFUL"，右击并"创建轮廓"、"解散群组"。选中字母"O"，右击并执行"释放复合路径"命令，如图 10-144 所示。

图 10-143　输入文字

图 10-144　释放复合路径

（12）释放路径后将里面小圆的路径缩小，同时选中大圆和小圆，按 Ctrl+8 组合键，再次建立复合路径，如图 10-145 所示。

（13）将字母颜色改为白色，使用"画笔工具"绘制眉毛。输入文字"feeling happy today"，复制"COLORFUL"并进行旋转、降低透明度操作，放置在右侧绿色矩形上，将图形全部群组，如图 10-146 所示。

图 10-145　建立复合路径

图 10-146　完成绘制

（14）选择群组的图形，执行"对象/封套扭曲/用网格建立"命令，设定行数和列数为4，用"直接选择工具"对网格线上的锚点进行拖动，做出扭曲效果，如图 10-147 所示。

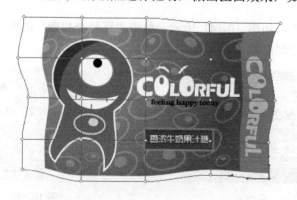
图 10-147　封套扭曲

（15）使用"钢笔工具"绘制高光的形状，如图 10-148 所示。设置渐变效果，如图 10-149 所示。

图 10-148　绘制高光形状

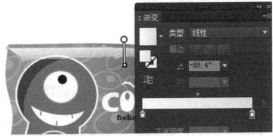

图 10-149　设置渐变效果

（16）绘制左侧暗部效果，设置渐变效果，如图 10-150 所示。

（17）方法同上，绘制底部的暗部效果，如图 10-151 所示。

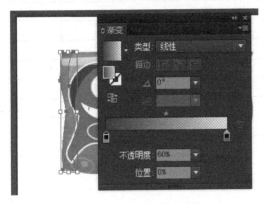

图 10-150　绘制暗部渐变效果

图 10-151　绘制底部暗部效果

（18）在右侧绘制一个高光，设置渐变效果，如图 10-152 所示。

（19）为没有转曲的文字创建轮廓，完成设计，如图 10-153 所示，保存文件。

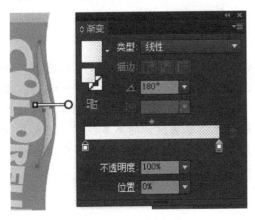

图 10-152　高光效果

图 10-153　完成设计

（1）根据自己学校的特点设计一款文化节的宣传海报。
（2）根据周边文化特色设计一款特色产品包装。

自我评价表

内容及技能要点	是否掌握		熟练程度		
	是	否	熟练	一般	不熟
名片种类、版式及规格尺寸设定					
海报尺寸设定，以及设计元素制作、排版					
包装展开结构图制作					
包装效果图制作					
沐光摄影工作室名片制作					
万圣节电影海报制作					
THE BEATLES 海报制作					
狗粮包装设计展开图与效果图制作					
糖果包装设计效果图制作					
思考与练习					
自我总结在本节学习中遇到的知识、技能难点及是否解决					

总结：

　　本章主要是综合技法应用实例，平面广告的范围非常广，包括名片、海报、杂志、画册、包装设计，等等，由于篇幅有限，这里没有一一举例。本章通过 3 个例子能够了解基本的纸张尺寸及印刷规范，在今后的学习中应当在加深软件学习的同时，进一步了解和逐步掌握设计的基本技巧、思路和方法。平面设计的软件还有许多，但知识的学习是相通的，了解一种软件后应当学会举一反三，以掌握更多的设计软件的使用。